A BRIEF HISTORY OF THE EARTH'S CLIMATE

地球气候简史

[加]史蒂文·厄尔 (Steven Earle) —— 著

魏科 等 ———————— 译

人民东方出版传媒
People's Oriental Publishing & Media
东方出版社
The Oriental Press

图书在版编目（CIP）数据

地球气候简史 /（加）史蒂文·厄尔 著；魏科 等译 . —北京：东方出版社，2023.6
书名原文：A Brief History of the Earth's Climate
ISBN 978-7-5207-3350-2

Ⅰ.①地…　Ⅱ.①史…②魏…　Ⅲ.①气候变化—普及读物　Ⅳ.① P467-49

中国国家版本馆 CIP 数据核字（2023）第 035453 号

First published by New Society Publishers Ltd., Gabriola Island,British Columbia,Canada
Copyright ©2021 by Steven Earle.
The simplified Chinese translation rights arranged through Rightol Media(本书中文简体版权经由锐拓传媒取得
Email:copyright@rightol.com)

中文简体字版专有权属东方出版社
著作权合同登记号 图字：01-2023-1255号

地球气候简史
（ DIQIU QIHOU JIANSHI ）

作　　者：［加］史蒂文·厄尔
译　　者：魏　科 等
责任编辑：王学彦　申　浩
出　　版：东方出版社
发　　行：人民东方出版传媒有限公司
地　　址：北京市东城区朝阳门内大街 166 号
邮　　编：100010
印　　刷：北京明恒达印务有限公司
版　　次：2023 年 6 月第 1 版
印　　次：2024 年 3 月第 2 次印刷
开　　本：880 毫米 ×1230 毫米　1/32
印　　张：7.75
字　　数：170 千字
书　　号：ISBN 978-7-5207-3350-2
定　　价：59.00 元
发行电话：（010）85924663　85924644　85924641

致谢

我很感激能够在斯努尼穆克斯原住民（沿海萨利什人^①）传承数千年的领地上写这本书。斯努尼穆克斯原住民的生活方式并未对这片土地及周围珍贵的萨利什海域造成重大影响，其生产活动也未导致气候变化。

我也非常感谢艾萨克、蒂姆、海瑟和贾斯汀，你们对书稿的各个部分给予了宝贵的反馈。感谢众多学子，让我带领你们不断地摸索，穿过迷雾笼罩的地球科学的道路，感谢你们提出的好问题，感谢你们的洞察力。

---

① 加拿大西北太平洋海岸的土著居民。

推荐序一

气候变化究竟是真的还是假的？如果是真的，是不是人类活动导致的？气候变化究竟是人类面临的巨大危机，还是利益集团营造的谎言？

反气候变化论者最常见的理由之一，是地球历史上气候一直在变化，比现在热或比现在冷的时候多的是，好像这是什么惊天的秘密似的。然而实际上，最了解气候变化历史的，不正是气候变化研究者吗？此书就是一本对气候变化理论的全面综述，从太阳亮度变化到板块漂移，从火山喷发到米兰科维奇周期（这个酷炫的词指的是地球轨道变动引起的气候变化），从洋流到太阳黑子（猜一猜，太阳黑子多的时候是更冷还是更热？），从小行星撞击到人类活动。

看了此书，你就会明白对气候变化人类已经了解了多少，目前面临的危险有多迫切，毕竟，说一个人在一百年内会死不算危险，但说一个人在两个星期内会死就完全是另一回事了。人类已经掌握了毁灭自己的能力，不单是因为核武器，还因为对气候的影响。在这样的历史时期，我们尤其需要对气候变化原理的深入认识，这正是此书的价值。

袁岚峰

中国科学院科学传播研究中心副主任

中国科学技术大学科技传播系副主任

中国科学技术大学合肥微尺度物质科学国家研究中心副研究员

推荐序二

　　全球气候变化是时下非常热门的话题，也是我们生物圈面临的愈发严峻的生存问题。它关系到地球上的每一个人，每一个物种，甚至每一个地区的生态环境。过去六十年内人类的活动让全球地表温度上升了1℃。可能有人觉得1℃太微小，改变不了什么，但你看过此书后会明白，平均每天的温度都比之前高1℃意味着什么？大家如果听说过蝴蝶效应，会了解"一只南美洲亚马孙河流域热带雨林中的蝴蝶，偶尔扇动几下翅膀，可以在两周以后引起美国得克萨斯州的一场龙卷风"。但我想说的是，全球气候变化绝非"蝴蝶效应"，而是"飓风效应"，当它全面开启之时，人类和地球上的其他生灵将面临难以承受之痛，第六次"生物大灭绝"绝非危言耸听。

　　我是研究植物多样性的，近十余年来一直在泛喜马拉雅开展植物多样性调查研究。泛喜马拉雅由兴都库什、喀喇昆仑、喜马拉雅、横断山区四大山脉组成。作为地球上最独特的地理单元，泛喜马拉雅拥有全球35个生物多样性热点中的3个。这里有不计其数的雄伟、壮观、连绵不绝的雪山和地球上最壮观的高山植物区系。但是，这些年来我深刻地感受到了泛喜马拉雅植物精灵们的脆弱以及她们生存环境的岌岌可危。冰川消融加速，亚冰雪带植被不断扩张，植物原生生境不断被破坏，植物多样性断崖式下滑的风险不断增加……这一切的背后，都离不开那1℃的升温。美丽的卡若拉冰川，每年我们从拉萨前往珠峰保护区的路上都会经过，清晰地记得十年前冰川就在公路旁边触手可及，可现在只能抬头看见它退缩到一两百米高的悬崖之后……我也不知道该用什么词语来形容我看到的这种触目惊心！

本书的著者史蒂文·厄尔博士忧心忡忡，他深刻地明白1℃的升温对于地球意味着什么。本书的译者魏科博士也在译者序中详解了全球气候变化背后焦灼的博弈，并警示人类已处于宏大的气候危机之中，全球变暖是人类和地球共同的危机。衷心希望越来越多的朋友们看到这部上乘的科普译作，它能带给您最科学的全球气候变化解读。也希望每一位看到这本书的朋友都能从我做起，为节能减排，为扭转全球气候恶化贡献自己的力量。最后，我想说："我们今天看见了，我们今天一定能做到！"星光点点汇聚，必成璀璨银河，地球生灵未来延续的美丽，就在书对面的每一位读者手中。

王强

中国科学院植物学研究员

2023 年 5 月 3 日于香山

译者序　拨开气候变化的迷雾

有关全球变暖的研究动了不少人的奶酪。因为应对全球变暖，需要人类从根本上摆脱对化石燃料的依赖。这意味着风光无限的石油化工、煤炭采掘、火力发电、钢铁冶炼、建筑水泥、燃油汽车等产业都将被彻底替换或者淘汰。在石油化工领域，巨头林立，埃克森美孚（Exxon Mobil）、壳牌（Shell）、英国石油公司（BP）、沙特阿美（Saudi Aramco）、伊朗国家石油公司（NIOC），每一家都富可敌国，比如埃克森美孚市值 4000 亿美元，壳牌 2100 亿美元，英国石油公司 1000 亿美元。截至 2022 年 5 月底，沙特阿美市值逾 2.4 万亿美元，一举超过苹果公司，成为全球市值最高的公司。

与石化产业密切相关的还有汽车产业，丰田、通用、大众、福特、本田、梅赛德斯－奔驰、宝马、克莱斯勒，无一不是巨无霸。火力发电也是庞大的产业领域，特别是过去几十年全球电力需求增长强劲，火力发电企业经历了快速增长，美国电力公司（AEP）、美国爱依斯全球电力公司（AES）等都成为跨国巨头。

巨头们当然不会坐以待毙，至少在产业存续和转型期间，想要维持企业规模和利润，就要营造适合企业发展的舆论环境；因此，由企业资助的对全球变暖及相关政策的质疑和攻击从未停止。1998—2014 年，埃克森美孚赞助各个反气候变化组织和个人的总金额达 3092.5235 万美元，具体的每笔经费都可以在以下网站查询：http://exxonsecrets.org/。创办这家网站的初衷是揭示反气候变化组织和个人从埃克森美孚拿到了多少赞助，但为反气候变化提供经费支持的又何止埃克森美孚这一家。

　　围绕全球变暖的议题，受各种利益团体支持的游说集团和反全球变暖者使尽了各种手段。与科学家相比，他们更擅长运用媒体手段和社交网络，还会召开各种"高大上"的会议，比如反全球变暖组织哈兰学会（Heartland Institute）多年来一直在召开"国际气候变化大会"（International Conference on Climate Change，ICCC）。截至 2021 年，已经开办到了第 14 届，参会者包括"世界领先的气候科学家、经济学家、决策者、工程师、商界领袖、医生，以及其他专业人士和相关公民"。他们与联合国政府间气候变化专门委员会（IPCC）发表的气候变化评估报告针锋相对；他们也组织相关"专家"，发表"非政府间气候变化专门委员会"（NIPCC）气候评估报告。对于缺乏科学素养，或者不了解利益关系的公众而言，根本不知道这种看似正规的学术会议本来就比较"山寨"，也根本无法了解这个打着"第三方"非政府组织旗号的报告讲的并不是科学事实。

　　熟悉辩论的人都知道，要反对一件事情，总是能找到理由的，怀疑科学数据、科学机制、模式可信度、阴谋论、经济收益、人文情怀等，总是会有理由的，甚至混淆是非、把水搅浑也是个可选方案，把公众忽悠住一段时间也是很好的思路。这在政党轮流坐庄每隔几年换一届的情况下，短期内忽悠住选民甚至比坚持真理更重要。

译者对相关的观点进行了总结，发现这么多年由这些组织和个人提出的反气候变化的观点和"事实"竟达200多个，这些观点在众多媒体广为流传，从各个角度侵蚀公众和媒体的科学认识，很多人以为是自己"独立思考"得到的结论，实际上早已深受这些反气候变化材料的影响。

反气候变化的人中，绝大多数不是气象、气候或者环境专业出身，很多没有科研经历，甚至绝大多数没有经过自然科学的训练；但这并不妨碍他们的影响力。这些人著书立说，参加电视和电台节目，迎合公众口味，收割互联网流量。公众并不喜欢循规蹈矩的事情，公众喜欢娱乐性事件、阴谋论故事、爆炸性新闻、危言耸听的预言、揭露科学家的"操控"和"阴谋"等，这正是很多反气候变暖者擅长的领域。

基于此，反气候变暖者喜欢把"全球变暖"包装成惊天大阴谋，比如"全球变暖是全球科学家的共谋"、"别有用心的科学家人为修改数据"、"温室效应理论被人为篡改"、"科学家的同行评审过程存在腐败现象"、"科学家试图把全球温度序列里的降温隐藏起来"，还有"全球变暖是美国等发达国家遏制中国发展的阴谋"、"全球变暖的概念是被中国人而且是为中国人编造出来的，目的是让美国的制造业失去竞争力……全球变暖就是一场彻头彻尾的、很烧钱的大骗局"等。

反气候变暖者也常算"经济账"，他们的观点还有"应对全球变暖扼杀了工作岗位"、"即使从现在起限制 CO_2 排放，也不会产生大的差别"、"可再生能源实在是太贵了"、"限制 CO_2 对经济有害"、"适应全球变暖比阻止全球变暖代价低"。

反气候变暖者还擅长运用不可知论，"没有完全确定的科学（连牛顿、爱因斯坦等人的理论都是不断修正的，现在的气候学家怎么能确切地说全球变暖呢！）"、"气候处于混沌状态，不可预测"、"科学家预报天气都不准，何况预测未来百年的气候"。

反气候变暖者还会说"不值得大惊小怪"，"人类成功地经历了过去的气候变化"、"历史上北极海冰的范围比现在还要小"、"热浪和酷暑在历史上比比皆是"、"人类活动在影响全球气候方面微不足道"、"IPCC 是一些危言耸听杞人忧天者"，或者打悲情牌，"气候变化怀疑论者就是今天的伽利略和布鲁诺"。

其中最具迷惑性的观点无疑是：地球历史上曾经有过各种沧海桑田的气候变化，所以现在的变暖很正常。这在反气候变化的所有观点里长期排名第一[①]，甚至国内外很多学者也无法区分古气候变化和现在的全球气候变化。在译者曾经加入的某学者微信群里，也有科学家拿几亿年前的"冰雪地球"、太阳辐射的长期变化、板块运动等说事儿，认为现在的气候变化不值一提，而研究和提倡积极应对全球变暖的学者像是没见过"大世面"，对现在的气候变化"大惊小怪"，提出"误国误民"的碳减排措施，属于"自废武功，中了发达国家的阴谋"。

其实，绝大多数反气候变化的观点都不值一驳，因为事实胜

---

① https://skepticalscience.com/argument.php。

于雄辩，尤其是全球有数万个观测站持续不断进行观测，有些观测站的历史已经超过 200 年。仅在中国，就有密密麻麻 2 万多个气象观测站，数万名观测人员几十年如一日地持续观测，积累了海量的数据；对这些数据进行分析，不难得到全球持续变暖的事实。

史蒂文·厄尔这本《地球气候简史》是对上述反气候变暖观点的最佳反驳。作为大学教科书《物理地质学》的作者，他教授地球科学课程 40 年，对地球古气候和现在的气候变化了如指掌。他以宏大的视野和叙事方式，讲述了自地球诞生以来引起气候变化的各种原因，涵盖太阳辐射的长期变化、板块漂移、火山喷发、地球轨道参数变化、洋流、小行星撞击、人类活动等，并详细介绍了各种正反馈过程。在地球历史中，绝大多数时间全球连两极都没有冰雪，只有很短的时间为冰期，在此期间两极才有冰雪，这种沧海桑田的气候变化就是由以上这些驱动因子和正反馈过程共同推动的。

目前人类活动引起的气候变化和古气候变化有明显的区别，表现为目前气候变化的速度远超自然过程的气候变化，从南极冰芯的高精度数据来看，现在温室气体的增加速度非常快，是过去至少 100 万年历史中最快速度的 100 倍以上。这种速度差异适合一个比喻，"人活百岁会死"和"某人两周之内要死"，对于前者，我们既不会担心，也不会忧愁，而对于后者，则需要马上寻找原因并就医。

所以，这是科学上"尺度"的概念，即某种现象的时间和空间尺度是多少，时空尺度差一个数量级，事物本质就会发生巨大的变化，就像一个人以 10 分钟走完 100 米，或者以 1 分钟跑完 100 米，或者以 10 秒钟跑完 100 米，其代表的身体条件和运动技能完全不同，10 分钟走完 100 米，可能是伤残后刚站起重学走路，1 分钟跑完 100 米可能是刚蹒跚学步的婴孩，而能跑进 10 秒钟的绝对是世界顶级运动员。

人类活动引起的气候变化正在以超历史纪录的速度改变地球的面貌，除了气温越来越高，极端天气也会越来越多，越来越强，情况会越来越糟。发达国家过去 200 年、我国改革开放 40 多年来建起的沿海城市、经济带和密集的人口都要受到海平面上升的反复侵蚀。这一过程将要持续数百年，很大可能要持续上千年。这可能是一条不归路，人类可能永远也回不到原来的气候状态了。未来的气候变化幅度有多大，取决于我们现在和将来如何应对。

无论是市场还是行业，都希望看到确定性的趋势，目前，全球变暖和应对全球变暖成为未来数百年确定性大趋势。2021 年 1 月 20 日，美国总统拜登就职仅数小时后就签署行政令，宣布重返《巴黎协定》，至此，全球 196 个国家和地区全部加入了应对气候变化的行动。这一全球集体行动是对全球变暖大趋势的确定和回应。

目前，全球各国都在积极布局碳中和与低碳发展，期望到本世纪中叶能将全球净碳排放量减少到零。这是一个巨大的转型，意味着在全球范围内将全面淘汰化石燃料，全球产业将进行深度调整和升级。对各国与各企业而言，行动越快越能占据主动位置，从而获取产业上的竞争优势。根据清华大学 2021 年发布的一项报告，如果走向碳中和，在 2020—2050 年，中国仅在能源领域内的投资就将超过 100 万亿元，如果再加上其他行业，从全球范围来看，这蕴藏着无尽的商业、财富和科学机遇。

前文提到的巨头们，虽深受全球走向低碳的影响，但并不妨碍它们追逐更巨大的商业机会：曾经反气候变化的石化和电力行业早已投入巨资进行新能源研究和转型。尽管被质疑在应对气候变化上采取"否认"和"拖延"的态度，但在埃克森美孚的财务报告里已经有了关于碳捕获、氢能和先进生物燃料等低碳技术方面的投资。2021 年 10 月 23 日，世界石油和天然气巨头沙特阿美公司宣布了到 2050 年的碳中和目标。

在义无反顾地迎接碳中和时代之前，无论是思考其中的科学问题还是挖掘其中的巨大商业潜力，都需要深刻地理解现在的气候变化。《地球气候简史》就是这样一本书，它会带着你跨越地球 46 亿年的历史，见证"黯淡太阳"的日光与"冰雪地球"时高耸入云的冰山；见证西伯利亚地盾数十万年的火山喷发、希克苏鲁伯陨石撞击激起的巨浪和炽热的天空；见证青藏高原的隆起和两极冰盖的形成；也带你一起目睹第一个光合作用生物的诞生、臭氧层的形成、第一批生物走上陆地、恐龙的崛起和灭绝、智人诞生并走遍全球；带你了解目前生机勃勃的世界是生物和地球长期相互作用的产物，我们早已和地球形成了共同体，目前的全球变暖是我们和地球共同的危机。

在我们翻译本书的过程中，发现原版图书中也存在数个小错误，属于作者在写作过程中的笔误和理解错误，对此，我们和作者史蒂文·厄尔进行了沟通，他也坦然承认了自己的笔误和错误，对于这些内容我们已经在翻译中进行了更正。再一次感慨，一本好书的诞生不容易，科学图书的撰写、出版和翻译，每一步都需要科学家的参与，尤其是一线科学家的参与，在某种程度上，没有一线科学家的参与，科学图书是靠不住的。

本书的翻译，译者邀请了业内几位优秀的年轻科研人员参与，包括赵寅博士、周春江博士、阿如哈斯博士、王亭硕士、博士生李雅迪、博士生周浩，他们在气候变化、海气耦合、数值模拟、全球碳排放、东亚季风等领域都有所建树。和他们合作，译者感受到了青春的气息，也感受到气候变化领域内还有众多科学问题需要进一步深入探索。我们已经处于巨大的气候危机之中，灾害越来越多，围绕气候变化和防灾减灾的科学普及，还有更多的工作需要做，在某种程度上，科学普及也是可以推动社会进步和抢救生命的。

希望你能喜欢这本书，也希望这本书能帮助你认识我们复杂又简单的世界。

魏科

2022 年 6 月 20 日于北京

前言

不要让他们说：我们没有看见

我们看见了

不要让他们说：我们没有听见

我们听见了

不要让他们说：他们没有品尝过

我们吃进嘴里，我们浑身颤抖

不要让他们说：他们没有说过、写过

我们说了，我们用声音和双手见证了

不要让他们说：他们毫无作为

我们做了——但并不足够

     ——简·赫什菲尔德（Jane Hirshfield）《不要让他们说》[1]

气候变化并不遥远，它一直在。世界各地都存在气候变化的
迹象，而且几乎每天都在引发不同的灾难。只有那些获得丰厚的
商业利润，拥有强烈的政治执念，或是刚愎自用的人才会斩钉截
铁地说：人类活动不会造成气候变化。

那些否认人为导致气候变化的人常常将"地球气候曾经发生
过改变"的论调作为佐证，这一观点倒很是正确。46亿年以来，
地球气候一直在不断变化。我们对地球气候是如何、何时以及为
何变化等问题已经有了一定的认识。其主要的自然机制包括太阳
活动、物种进化、大陆漂移和板块碰撞、火山爆发、彗星和陨石
坠落以及地球轨道变化。大多数由自然因素引发的气候变化都是
极其缓慢的，但也有十分迅速的，甚至比人为活动导致的气候变
化还要快。有些自然变化已经停止，但是大多数还在发生，并在
整个人类文明发展的尺度下影响着我们的地球气候。

这本书的目的在于引领读者充分理解人为活动导致的气候变
化，但前提是我们需要了解地球自然气候变化的漫长历史。只要
我们对自然变迁［如太阳活动的变化、洋流如何运行、地球如何
摆动（以及其为何重要）、火山爆发等］如何影响气候稍作了解，
就会很容易发现这些都不是过去60年地表平均温度上升1℃的原
因。一切都在我们身上。

了解过去的自然气候变化是至关重要的，尤其是有助于理解
现在人为气候变化的发展过程，包括强迫机制（温室气体的增加
以及如何推动气候变暖）和反馈机制（如冰雪融化）的放大效应。
只有对过去的气候变化有足够的了解，我们才能准确界定气候的
临界点在哪，而一旦触发这个临界点可能会使地球气候脱离人类

的掌控。

全球升温1℃有什么大不了的吗？毕竟并不会有人关心明天的气温是否比今天高1℃。但这不仅仅是明天一天的事，而是平均每天都升温1℃。在任何一年里，有些天可能仍比长期平均温度要低，其他天可能是平均温度的水平。但是，我们可以预见未来大多数日子的温度会增高，甚至某些天的增温远高于1℃，而这，将导致极大的差异。我们还可以推断未来干燥的地方会更干燥，潮湿的地方会更潮湿，暴雨会更猛烈。当然，由于冰雪融化，海平面也会持续上升。

所以，地球增温1℃其实事关重大。这种增温导致连续4年的干旱，粮食歉收，孩子们忍饥挨饿；导致我们唯一的水源干涸；导致失控的野火，烧毁我们的财产；导致洪水、山体滑坡或以希腊字母命名①的超级风暴，摧毁我们的家园；导致海平面上升，威胁我们的城市、农场、家庭或者工作场所；导致生态系统崩溃，大量生物流离失所。即便对于那些没有面临以上种种风险的人们来说后果也很严重——如果他们了解人类目前的处境，以及我们离自己目力所不及的悬崖边缘有多近，他们就要担心了。

大约20年前，当我对气候变化这一领域只有一个模糊的概念

---

① 北大西洋飓风用人名来命名，每年的备选列表只有21个名字，当某年飓风数超多，列表名称不够用时，用希腊字母来命名。例如2005年，一直用到了第六个字母泽塔（ζ，Zeta），2020年一直用到了第九个字母约塔（ι，Iota）。但是，当飓风造成的损失严重，需要剔除此飓风名，为了避免希腊字母被全部剔除的尴尬，从2021年起，世界气象组织飓风委员会宣布采用新方案，不再采用希腊字母命名飓风，而是提供一份补充名称清单（依惯例用人名），当某年飓风数目超过21个时，从补充清单里按照顺序选择名称来命名飓风。——译者注

的时候，我获得了开设和讲授一门关于环境地质学课程的机会。为人师者都知道，教授课程是快速掌握一门知识的最佳方法。因此我很快就了解到关于地球气候的知识，地震、火山爆发、山体滑坡和洪涝灾害频发的地球本来就是一个危险的地方，我们人为造成的一系列恶劣的环境问题中，气候变化的问题比其他所有威胁都要严重和危险。事实上，除非我们认真对待气候变化的问题，否则其他环境威胁都将在很大程度上变得无关紧要。

1℃的升温对我而言十分要紧，它将彻底改变我的生活方式——我将高举标语、手持扩音器上街游行，并花时间写这本书。其实情况已经十分紧迫，因为据我观察，1℃的升温已经改变了我们的世界。更重要的是，如果我们不尽快对生活方式作出重大调整，我担心人类将进入一个无法预料的艰难境地。

请不要让他们在 20 年或 50 年后说，尽管我们现在知道，但是我们做得不够。

——史蒂文·厄尔（Steven Earle）

2020 年 12 月

目　录

引言

本书主要关注过去 46 亿年来地球气候演化的自然过程，了解这些对我们来说至关重要，因为这有助于我们充分理解目前人类活动造成的气候变化。当洞悉了古老的过去，我们会发现，过去一个世纪所发生的气候变化完全是受人类活动的影响，而不是自然气候强迫的结果。

本书以各种自然现象的时间尺度为线索来组织成篇。第一章概述了主导地球现在和过去气候的物理机制。最后一章，即第十一章总结了我们可以采取哪些措施来减少个人和群体对气候的影响。

第二章着眼于过去数十亿年间太阳辐射强度的演化，尽管其增加了 40%，但地球及其生态系统却一直调节着气候，将其控制在适宜生命生存的范围内。

第三章聚焦极为缓慢的板块构造过程。在过去数亿年间，大陆漂移控制着太阳能转化为热量的效率，板块构造过程影响着洋流，山脉的形成影响着大气成分的变化，进而都可以影响气候。

第四章讲述了火山喷发造成的气候冷却与气候变暖。这一影响过程的时间尺度短则数年，长则几千万年。

第五章概述了地球轨道参数的变化（米兰科维奇旋回理论），

包括在过去的数百万年间米兰科维奇旋回如何调节冰期旋回，以及我们是否正迈入一个新的冰期。

第六章，我们关注的是洋流的长期和短期变化对气候的影响，包括大西洋中变化时间尺度为几百年的墨西哥湾流，以及太平洋中变化时间尺度为数年的厄尔尼诺现象。

第七章集中讨论了与太阳黑子数量相关的太阳短周期变化，包括太阳黑子的变化如何导致太阳输出能量产生细微变化，以及这些时间尺度为几十年的变化是否会影响地球的气候。

第八章的内容关于灾难性气候变化，包括地球与大型地外天体撞击时的气候影响，例如在白垩纪末期，一次大撞击导致恐龙灭绝（可能在短短几天内）。这一章还会讨论类似事件在未来发生的可能性。

第九章总结了我们的祖先——智人的活动对气候的影响。有证据表明，早在几千年前，人类就对气候有所影响，这一点可能会出乎读者的意料。

第十章聚焦于与临界点相关的话题，讨论了地球历史气候从一种状态向另一种状态转变的方式和原因，以及当代人类活动对气候变化的重大影响如何在不久的将来形成一个新的临界点。

毫不夸张地说，人类活动导致的气候变化是我们所面临的最严峻的问题。即使现在我们洗心革面、积极行动，人力和经济成本也将是天文数字级的，可如果我们继续拖延下去，我们承担的成本将是更多倍。这个问题还未超过我们的掌控范围，但是需要我们勠力同心，加强合作。而了解相关的自然过程的机制，能让我们更好地理解为什么我们都需要作出改变。

第一章

什么主导着地球的气候？

"我们正在做史上最危险的实验，想看看在环境发生致命灾难前大气能容纳多少二氧化碳。"

——埃隆·马斯克（Elon Musk），2016 年 12 月 31 日发表于推特

无论是现在，还是在遥远的地质时期，以二氧化碳（CO_2）贡献为主的温室效应都是气候变化的关键驱动因子之一。除此之外，还有其他重要的驱动因子，包括地球不同区域接收到的太阳能量的变化、地球表面反射率（反照率）的变化，以及大气中颗粒物数量的变化。这些驱动机制被称为气候强迫，即它们迫使或推动着气候趋于一种更冷或更热的状态。

另外，气候变化的真正主力军是自然界中各种放大气候强迫的正反馈过程。例如，积雪覆盖的海冰具有很强的反射率，照射到其上的太阳光大部分被直接反射回太空，对地球几乎没有任何增暖效应。如果海冰融化，露出开阔的水域，大部分太阳光会被吸收并转化为热量，从而加热海水和其上方的空气，导致更多的融化。

本章描述了气候强迫的影响以及反馈的放大效应。由于书中将讨论一些非常缓慢的过程，在大多数情况下，这些过程常常需要数百万年甚至数十亿年才能产生显著的变化，因此，这一章将对地质年代作简要概述，并解释极度缓慢的地质过程如何产生巨大的影响。

温室效应

大气（也就是我们呼吸的空气）主要由氮气（N_2）和氧气（O_2）组成（其中 N_2 占 78%，O_2 占 21%），还有大约 1% 的氩气（Ar），以及许多浓度很低的气体，如二氧化碳（CO_2）、氖（Ne）和氦（He）、甲烷（CH_4）、一氧化二氮（N_2O）、臭氧（O_3）等（图 1–1）。水蒸气也是一种非常重要的大气成分，它的浓度变化很大，在温度很低时只有 0.01%，温度为 30℃时则达 4% 以上。我们使用"百万分比"（ppm）来描述微量气体的浓度，如果一种气体的浓度是 1 ppm，就意味着 100 万个空气分子中有 1 个这种气体分子 [1]。

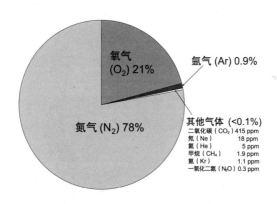

图 1–1 低层大气成分

像所有固体和液体分子一样，凡是具有 2 个及以上原子的气体分子都会振动。

　　双原子的气体分子，如 N_2 和 O_2，只能通过伸缩来振动（图 1-2），这种振动相对较快。具有 3 个以上原子的气体分子（例如 CO_2）可以通过伸缩和弯曲来振动（图 1-2），这类气体被称为温室气体（GHGs）。引起温室效应的核心因素在于弯曲振动比伸缩振动慢，而且弯曲振动的频率落在受热的地球表面发出的红外辐射频率范围之内 [2]。

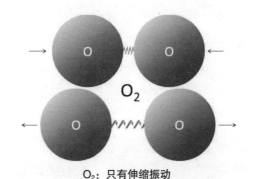

O_2：只有伸缩振动

CO_2：伸缩和弯曲振动

图 1-2　O_2 和 CO_2 的振动模式

为了理解温室效应,我们必须简要了解不同类型的光。太阳发出的光主要位于光谱的可见光部分,少部分延伸到近红外和紫外波段。地球表面(水、植被、冰、土壤和岩石)被可见光加热到不同的温度,从而发出位于光谱的红外部分(长波)的光。对我们来说这种光是不可见的,但你可以在红外图像中看到它,物体越热,图像就越亮。

来自太阳的可见光的振动频率与常见的大气气体(O_2 和 N_2)或温室气体(GHGs)的振动频率不同,因此在通过大气层时不会被大气吸收(尽管会被云和颗粒物反射)。但正如前文所述,从受热的地球表面辐射出的红外光,其频率与温室气体的弯曲振动频率重叠,在红外光的照射下,气体分子的振动变得更加剧烈,从而使气体分子升温,也就是加热大气。换句话说,温室气体捕获了一些来自受热地球表面的红外辐射。温室气体的浓度越高,其捕获的能量就越多,大气温度也就越高。

众所周知,CO_2 是第一大温室气体。在 2020 年年底,其在大气中的浓度约为 415 ppm,或 0.04%(图 1-3),目前每年增加约2ppm。

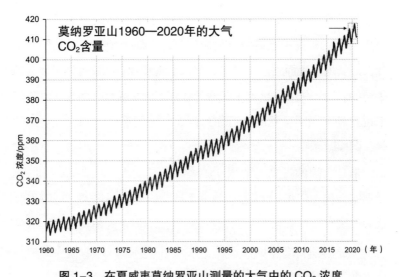

图 1-3　在夏威夷莫纳罗亚山测量的大气中的 CO_2 浓度

注：数据来源于夏威夷莫纳罗亚山观测站基林实验室的实地测量，该实验室由位于拉荷亚的加利福尼亚大学斯克里普斯海洋研究所运营。scrippsco2.ucsd.edu/data/atmospheric_co2/primary_mlo_co2_record.html。

为什么 CO_2 浓度曲线如此曲折？

如图 1-4 所示，莫纳罗亚山的 CO_2 浓度水平在每年 5 月达到峰值，然后在 9 月下降到最低值。这是因为陆生植物在 6 月到 9 月生长旺盛，消耗了大气中大量的 CO_2，随着秋冬季有机物的分解，其中大部分又回到了大气中。而且由于化石燃料燃烧排放了大量的 CO_2，会在每年 5 月形成一个新的峰值。CO_2 在大气中很容易与其他气体混合，特别是在东西（纬圈）方向上，所以这些来自夏威夷的测量结果通常可

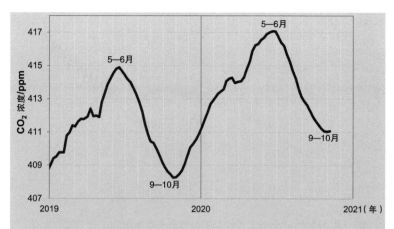

图 1-4　莫纳罗亚山 2019—2021 年逐月 CO_2 浓度水平

注：数据来源同图 1-3。

以代表北半球的情况。

南半球的情况正好与之相反（峰值出现在每年 9 月），但由于赤道以南的陆地较少，对最终结果的影响没有那么大。

甲烷（CH_4）是第二大温室气体，目前大气中 CH_4 的浓度约为 1870ppb（ppb，十亿分比），即约 1.9 ppm，并以每年约 8ppb 的速度增加（图 1-5）。与 CO_2 相比，CH_4 浓度如此之低，似乎微不足道，但它相比 CO_2 更能有效地吸收红外辐射，这些不起眼的 CH_4 贡献了人为全球变暖的约 1/3。其他主要的温室气体还包括 N_2O、O_3 和氟氯化碳（CFCs）。[3]

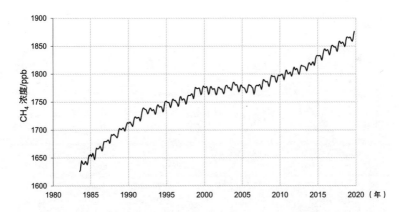

图 1–5　1980—2020 年全球平均的逐月大气中的 CH₄ 浓度逐日变化

注：数据来源于美国国家海洋和大气管理局地球系统研究实验室全球监测部门，E. Dlugokencky, NOAA/ESRL, esrl.noaa.gov/gmd/ccgg/trends_ch4。

　　水汽也是一种强温室气体，大气中可以容纳的水汽与温度成正比，因此变暖确实会使得水汽的温室效应更加显著。但水汽对气候的影响是复杂的，因为更多的水汽意味着更多的云，而正如大家所知，云能很好地遮挡太阳，大部分照射到云层上表面的阳光被反射回太空。

　　我们将在后面的章节中看到，受生物过程、火山活动和岩石风化等自然过程的影响，过去，温室气体浓度水平发生过很大变化，这些变化对历史气候演变发挥了关键作用。当然，目前的温室气体浓度水平也在发生显著变化，造成这一变化的因素则是人类活动，主要包括我们对化石燃料的使用，以及我们富含乳制品和牛肉的饮食结构。

太阳辐射

照射到地球表面的太阳光的强度被称为"入射太阳辐射"，地球曾经历过太阳辐射的显著变化。第二章将介绍太阳辐射的强度是如何随着地质年代缓慢变化的，以及地球系统的适应过程；第七章将讨论周期从几年到几十年不等的太阳黑子的气候影响。

正如我们将在第五章中看到的，太阳辐射的变化不仅仅是太阳释放了多少能量，在一年中的不同时间，地球表面不同区域接收到的太阳能量受到地球绕太阳公转轨道形状和地球轴线倾斜角度的细微变化的影响，引起的气候变化大到足以导致冰期循环。这是因为地球南北纬 60° 以外是冰川易生成区，如果太阳辐射减少，冰川就有增长的趋势。

反照率

不同表面对光的反射程度不同，通常用反照率来衡量。一般来说，表面的颜色越深，越容易吸收光能，并转化为热能，就像烈日下赤脚走在深色人行道上的人所感受到的那样。如图 1-6 所示，冰、雪（特别是新雪）和云的反照率最高，照射到这些表面的太阳光有 70%~90% 被反射回太空，实际上对地球增温几乎没有任何作用。大多数岩石和沙土表面的反照率约为 30%；森林的反照率为 10%~15%；水的反照率在 3%~10% 之间，但如果太阳在水面正上方，这个值通常更接近 3%。照射到这些表面的大部分太阳光都被吸收，并加热表面。被加热的表面会发出红外辐射，这种辐射与温室气体相互作用，使大气变暖。

在讨论气候变化时，反照率只有在发生变化时才重要。有很多自然方式能使反照率发生变化，其中一个明显的方式是冰雪的融化，这将导致反照率降低（因为暴露的表面颜色更深）和增暖潜力变大。另一个方式是植被的减少，这在大多数情况下将引起反照率升高（因为裸露的地面比植被更能反射光线），进而导致降温（当然，这里面还包含了其他因素，比如繁茂的森林可以吸收 CO_2，这一过程对地球气候的影响比反照率更重要，但仅从反照率的角度来看，森林的消失会引起气温下降）。在第三章中可以看到，大陆漂移使大陆进入或离开热带地区，可以改变地球的整体反照率，这是因为陆地反照率大于海洋反照率，这种差异对气候的影响在热带地区比在高纬度地区更显著，而陆地的反照率比海洋更大，换言之，在太阳辐射最强烈的赤道附近，反照率更大。当然，这种变化非常缓慢，因为大陆漂移的速度只有每年几厘米。

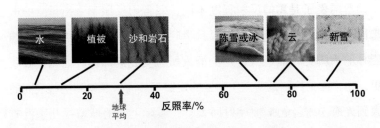

图 1-6 典型地球表面的不同反照率

许多人类活动也会引起反照率的变化，例如修建道路、停车场和建筑物、砍伐森林、种植作物，以及人为产生的烟雾使得冰雪被煤烟颗粒覆盖，从而降低它们的反照率。

颗粒物

每年我们向大气中排放数百万吨颗粒物，其中大部分是工业生产和机动车排放的烟雾。[4]颗粒物可以阻挡入射的阳光，因而有降温效果，但它也有变暖效应，因为覆盖在冰雪上的颗粒物会降低反照率。

还有许多不同的自然过程产生的大气微粒，包括大风带来的灰尘、野火产生的烟雾、火山爆发后的火山灰和硫酸盐气溶胶。

反馈

气候反馈是指所有可以放大或减弱气候强迫效应的过程。一个简单的例子是雪的融化，当温度升高使积雪融化时，露出的下垫面（如裸露的地面或植被）使得该位置的反照率下降，从而吸收更多的太阳光，使局部温度持续升高，引起更多积雪融化和吸收更多的太阳光……这就是一个正反馈的例子，它将持续反复加强，直到该地区的雪全部融化。

当大气中的 CO_2 浓度增加时，植物可以生长得更好，因此它们将吸收更多的 CO_2 并略微降低大气中的 CO_2 含量，从而抑制最初的升温效应，这是一个负反馈过程。但如果大气中 CO_2 含量持续上升,气候变暖到现有植被群落无法生存的程度,那么植物所消耗的 CO_2 就会减少,这将是一个正反馈过程(大气中 CO_2 含量更剧烈地上升)。

表 1-1　重要的气候反馈机制

反馈	机制(以气候变暖为例)	正/负
海冰(或湖冰)	海冰融化后露出开阔水面,反照率下降,吸收的太阳辐射增加,引起更多融化	正
雪和冰川冰	冰雪融化露出地表或植被,反照率下降,吸收的太阳辐射增加,引起更多融化	正
水汽	变暖的空气可以容纳更多水汽,引起更强的增暖,不过云会使这一过程变得复杂	正
CO_2 溶解	海洋对 CO_2 的溶解度随升温而降低,因此,随着海洋变暖,大量贮存在海洋中的 CO_2 被释放到大气中,引起更多增暖	正
多年冻土中的 CH_4 和 CO_2	增暖引起多年冻土融化,贮存的 CH_4 和 CO_2 被释放到大气中,引起进一步的增暖	正
植物生长(CO_2)	引起增暖的高 CO_2 水平促进植物生长,可以消耗更多 CO_2,因此调节了 CO_2 的增加	负
植物生长(反照率)	繁茂的植被使地表变暗,引起更多的太阳辐射吸收和增暖	正
植被受损	增暖可能引起植被生长受损,使其对 CO_2 的消耗减少,增暖增强(如果冷却导致植被受损,则是负反馈,因为消耗的 CO_2 更少)	正
野火	增暖和区域干旱增加了野火风险,造成 CO_2 和颗粒物的排放,并在森林重建前减弱了 CO_2 的消耗	正

在气候变冷的时期,上述大多数反馈的影响反过来也是成立的。例如,气候变冷将引起更多的冰雪积累,提高反照率,导致

气候进一步变冷。或者，随着气候变冷，海洋溶解更多的 CO_2，因此温室效应减弱，冷却增强。

令人担忧的是，几乎所有的气候反馈都是正过程，因此，即使是轻微的增温也会被放大为剧烈的变暖，反之亦然。事实上，若非如此，地球历史上许多剧烈的气候变化可能永远不会发生。例如，过去 100 万年里可能不会发生多次冰期，或者过去 100 万年里一直都是冰期，在这种情况下，现在的我们可能仍然处于冰期中！

更加令人担忧的是，正反馈过程存在失控的可能性，如第十章所述，正反馈可以导致气候越过临界点，进入一个我们完全陌生且在人类时间尺度上难以恢复的状态。那将是一个我们都不愿看到的结果！

地质年代

毫无疑问，地球是古老的，更大的问题是弄清楚它究竟有多"老"。45.7 亿年是如此漫长，比一个人的寿命，甚至比全人类的历史都长得多，也许没人能真正理解如此之长的时间意味着什么。

地质年代表将地球的历史可视化，并将过去的事件放入统一的框架之中。图 1-7 所示的地质年代表展示了一些与地球历史有关的重要事件，如最早的鱼类、最早的陆栖动物、恐龙的起源和灭绝，以及第一批人类。

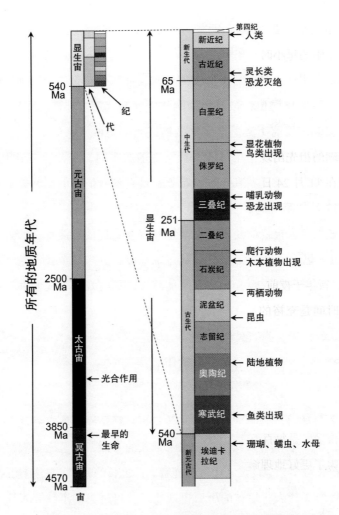

图 1-7　地质年代表及地球历史中的一些重要事件

注：数据来源修改自国际地层委员会（国际地质科学联合会），K. 科恩
（Cohen, K.）等人，2013。

因为我们都知道两次生日之间相隔多久，所以我们可以从一

年的角度来理解地质年代。如果把地球的 45.7 亿年压缩成 1 年，那一年中的每小时相当于地球 50 万年的历史，每一天相当于 1250 万年。

借助这个类比关系，我们假设地球形成于 1 月 1 日。2 月中旬（大约 40 亿年前）演化出了生命，11 月 13 日左右，蠕虫、水母和珊瑚的祖先出现，在此之前的所有生命需借助显微镜才能看到。植物在 11 月 24 日左右迁移到陆地，两栖动物在 12 月 3 日登上陆地。12 月的第一周，爬行动物从两栖动物进化而来，12 月 13 日进化出恐龙和早期哺乳动物，但在节礼日（12 月 26 日）之前，存活了 1.6 亿年的恐龙就消失了。一天后出现灵长类动物（12 月 27 日），新年子夜前 2 分钟，来自亚洲的人类第一次进入西半球。

时间是充裕的，这是一件好事，因为令我们感兴趣的许多进程都非常缓慢。我们经常用"冰川速度"来形容缓慢的进程，但在地质学家看来，冰川以每年几米到几十米的速度移动，实际上非常快！地球构造板块以每年几厘米的速度移动，而变成沉积岩的沉积物通常以每年不到 1 毫米的速度累积。通常晶体生长的速度更要慢得多，是每百万年几毫米。

为了更好地理解这一点，以欧洲和北美大陆所在的板块为例，目前它们正以大约每年 2 厘米的速度分开，这个距离相当于在本页上"极其缓慢的"这几个字的宽度。大西洋宽约 4500 千米，就是以这样的速度形成的，花了大约 2 亿年。

我已经厌倦了"百万年"的表述，所以我们将开始使用一种快捷方式来表示地质年代。地质学家用缩写 Ma（兆年）和 Ga（吉年）来表示几百万年前和数十亿年前发生的事情，比如，地球起源于 45.7 亿年前，或 4570Ma（相当于 4.57 Ga）。注意，我们不必说 4570 Ma "以前"，因为在这些缩写中已经隐含了 "以前" 的意思。这有点像我们使用时间符号，比如 "我 9:30 am 有会议"。就像我们不会说 "我的会议将持续 2:00 pm" 一样，我们也不会说 "恐龙存在了 149 Ma"。你应该说 "我的会议持续了 2 小时"，"恐龙存在了 1.49 亿年（因为它们存在于 215 Ma 到 66 Ma 之间）"。

关于气候变化的争论

气候变化怀疑论者大有人在，他们认为气候变化并未发生，或者（如果发生的话）并不是由人类活动引起的。这些全面否认人为活动引起气候变化的怀疑论者提出了若干论点来支持他们的观点。

一些机构编制了此类论点的清单。[5] 下面仅列举几条和本书相关的观点：

- （气候变化）是太阳在起作用。
- 气候一直在变化。
- CO_2 水平太低了，不足以改变什么。
- 气候模式不正确或不可靠。
- 气候学家们还没有达成共识。
- （气候变化）和火山爆发有关。
- （气候变化）是因为米兰科维奇旋回。
- 气候更暖也许是一件好事。

- 我们正进入另一个冰期，全球变暖可以防止冰期的出现。

上述观点中只有一条与本章所述内容有关，值得关注："CO_2 水平太低了，不足以改变什么"。CO_2 只占大气的 0.04%（或 415 ppm），因此质疑它对气候变化有如此重大的影响貌似合乎情理。然而，以下证据可以证明它确实发挥了关键作用：

- CO_2 分子可以吸收地球辐射光谱中的红外部分，这导致了变暖。

- 这种吸收得到了卫星观测的证实，并且正在发生，因为在可以被 CO_2 吸收的特定波长上，来自地球的红外辐射被损耗了。

- 类似的观测显示这种 CO_2 对红外光谱的损耗现象在近几十年间逐渐加强。

- 在过去的一个世纪里，CO_2 浓度的增加和气候变暖密切相关，且测量到的 CO_2 水平足以解释观测到的气候变暖量。

- 同时期发生的其他自然或人为变化不足以解释观测到的变暖。

一些与 CO_2 浓度增加有关的变暖是反馈的结果。例如，气候变暖正在破坏地球温带的多年冻土，随之释放出 CH_4 和更多的 CO_2。气候变暖还导致陆地和海上冰雪的减少，我们所经历的气候变暖可部分归因于反照率的降低。

图 1-8 所示的贴在灯柱上的海报很好地总结了关于气候变化的争论，因为米兰科维奇旋回无法解释过去一个世纪的变暖。我们将在第五章中介绍米兰科维奇效应，正如你将在那里看到的，在过去几千年里，米兰科维奇旋回驱动气候一直朝着缓慢冷却的

方向发展。我们也将在其他章节讨论上面列出的气候变化怀疑论者的其他一些论点。

图 1-8　贴在温哥华街道灯柱上的海报

注：海报内容为"米兰科维奇旋回导致气候变化"，有人在底部用小字补充"……需要几千年，人类在几十年就做到了"。艾萨克·厄尔摄于 2020 年 11 月。

第二章

缓慢升温的太阳

在你的一生中
可曾见过
有什么
比太阳的旅程
更加美妙

每个傍晚
轻松悠然地
向地平线飘落
隐匿于浮云山脚间
或微波粼粼的海面
然后离开

每个清晨
从黑暗里
再次悠然滑出
像一朵鲜红的花
…………

玛丽·奥利弗[1],《太阳》（节选）[1]

---

[1] 玛丽·奥利弗（1935—2019 年），美国诗人，创作多以自然为对象，著有诗集和诗文集 20 余部，曾获普利策奖（1984 年）、美国国家图书奖（1992 年）。——译者注

在地球上，生命生存需要三要素：清洁的水、新鲜的空气、从太阳获得的稳定可靠的辐射能量。

太阳的演化

从人类的生命长度和经验来看，太阳毫无疑问是恒定可靠的。虽然太阳辐射存在一些周期为几十年的微小变化[2]，但这些变化小到需要借助仪器和费力的观测才能监测到。然而，如果从更长的时间视角来考虑，例如几十亿年，太阳就不再是永恒的了，它正在缓慢地变热。本章将讲述这一变化及其对地球气候的影响。

根据过去几个世纪的观察，天文学家已拼凑出了像太阳这样的恒星的生命周期，如图 2-1 所示。太阳在 46 亿年前开始形成，当大量的气体（主要是氢，但也有一小部分更重的元素）由于自身引力慢慢坍缩，最终氢原子变得足够致密，开始聚合成氦原子（核聚变），从而发热发光，一颗恒星由此诞生。

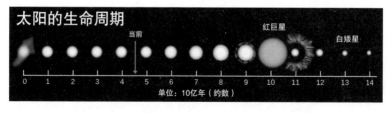

图 2-1　一颗和太阳类似的主序星的生命史周期

注：修改自奥利弗·比特森（Oliver Beatson）维基百科"太阳的生命周期"。请注意太阳的直径不是按比例绘制的，到红巨星阶段，太阳的直径可达当前直径的200 倍，足以吞没地球。

截至目前，这一过程已经持续了 45.7 亿年，现在处于一种大致稳定的状态。但正如前面所提到的，太阳一直在缓慢变热，并将持续下去，这种强度的增加是太阳核心的氢不断转化为氦的结果。氦含量的增加使太阳核心区域密度增大，从而导致核心收缩。而不断增加的重力压力迫使氢原子靠得更近，从而加速了聚变的速度，使太阳变得更热、更亮。[3]

太阳还会以这样的方式变热约 40 亿年，直到它的内核完全被氦占据，那时它将演化为一颗红巨星并开始扩张，逐渐吞没水星、金星，甚至地球。到那时，氦会开始聚变成碳，太阳约一半的质量将会在一次大爆炸之后消散于太空之中，其余部分将坍缩为一个白矮星。

图 2-2 显示了太阳在 90 亿年演化过程中的光度[4]变化。到目前为止，太阳产生的能量在其 46 亿年的历史中增加了约 33%。从地球气候的角度来看，这是一个巨大的变化，但它发生在很长的时间里。未来太阳还会变得更热，再过 44 亿年，它的温度将是最初的两倍。

先别着急！在有人开始认为太阳变暖是当前气候变化的原因，或者认为太阳变暖是我们担忧遥远未来的原因之前，我们需要正确看待这个问题。目前太阳变暖的速度约为每 10 亿年增加 8%，也就是每百万年 0.008% 或每世纪 0.0000008%。在人类生命的时间尺度上，这是一个非常非常小的变暖量，在过去的一个世纪里，它都不足以引起人们的注意，甚至还差得很远。例如，太阳光度在 1920 年到 2020 年间的增加量只能使地球表面的温度增加约 0.0000016 ℃，其间，地球表面温度[5]实际上增加了 1℃，很显然气候变暖不是太阳的演化造成的。

　　太阳的长期升温与太阳黑子的短周期无关，我们将在第七章中讨论这个主题。

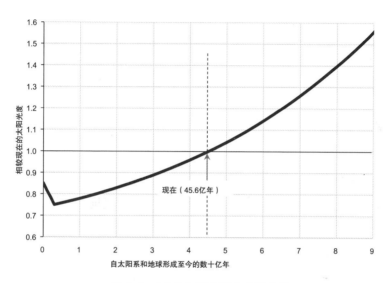

图 2-2　90 亿年里太阳光度的变化

　　注：引自国际天文学联合会研讨会，《太阳和恒星的变化：对地球和行星的影响》论文集，I. 理巴思（Ribas, I.），2010 年，264 卷，3-18 页。

早期生命和大气变化

　　地球上最早的生命证据是在据今约 40 亿年前的岩石中被发现的。[6] 40 亿年前，太阳的亮度约为当前的 80%，如果地球大气和当前类似，这意味着那时的地球是完全冰冻的，即没有任何液态水存在。这可能会引起我们的好奇，这样的环境下怎么可能演化出生命呢？即所谓的"黯淡太阳悖论"。实际上，40亿年前的地球并没有被冰封，因为冥古宙[7]时的大气和现在完全不同，它更厚，和现在金星的大气密度类似，且如图2-3所示，大气中富含CO_2，当时的CO_2浓度在10%左右，和当前0.04%（415ppm）的水平相比，足以在太阳相对黯淡时维持地球表面的温暖。

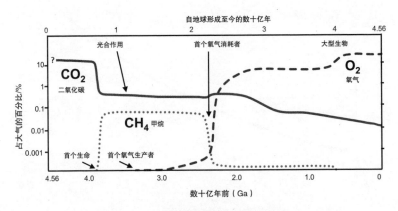

图 2-3　不同地质时期地球大气的演化

注：引自 E. 尼斯比特（Nisbet, E.）、C. 福勒（Fowler, C.），《太古代和早元古代大气的演化》，《科学通报》（Chinese Science Bulletin），2011 年，56 卷，4-13页；R. 拉奇（Large, R.）等人，《元古代与显生宙的大气氧循环》，《矿床》（Mineral Deposita），2019 年，54 卷，485-506 页。

在富含二氧化碳而没有氧气的大气层之下（图2-4），地球上的生命可能起源于温暖的海洋，在靠近滚烫温泉的海底火山附近，或起源于一个不断在湿润和干燥状态反复的浅池里。[8]无论在哪一种情况下，当前大气中的氧气对那时的微生物来说都是致命的毒气，就像现在氧气对一些微生物依然致命一样，这些微生物广泛生活在阴暗潮湿的地方，例如我们身体内外、房间或周遭沼泽等处。早期的很多生命形式是产甲烷菌，它们生产甲烷，因而随着生命开始繁荣，大气中的甲烷含量也在不断增长，并作为一种强温室气体使气候变暖。

图 2-4　墨西哥附近东太平洋隆起的海底热液喷口

注：它看起来像一个冒着黑烟的烟囱。约 300℃的炙热液体从海底喷口流出，黑色是冰冷海水的快速冷却作用下硫化物沉积的结果。没有光可以抵达这一深度，喷口附近的所有生物最终都依赖于被火山活动加热的水的热量及其中的化学物质生存。1981 年由美国地质调查局的 W.R. 诺马克（W.R. Normark）和 D. 福斯特（D. Foster）摄于北纬 21° 东太平洋隆起约 2000 米深处（南下加利福尼亚近海）。

大约在 35 亿年前，微生物已经发展出了利用太阳作为能量来源的能力。最早拥有这项技能的是细菌[9]（可能是蓝藻菌，又名蓝绿藻），相较于当时其他的生命形式，它们无须从火山温泉或化学来源获得能量，这使它们拥有了独一无二的优势：只要在太阳能照射到的地方，它们就可以生长。光合作用可以吸收二氧化碳释放氧气，但产生的游离态氧首先和铁、甲烷、腐殖质等反应而被消耗掉了，因此大气中的游离态氧（O_2）含量在接下来的十亿年里依然很低。

游离态氧最初在约 24 亿年前开始累积，起初的含量非常小。我们这些靠氧气生存的人可能会认为当时的绝大多数生命会对这一变化喜闻乐见，但显然，并没有，因为它们还没有喜怒哀乐，更重要的是，它们仍旧依赖一个没有氧气的生存环境。我们称这一转折为"氧气危机"，因为这导致了大量生命的灭绝。然而，对于像我们这样的生命而言，这的确是一个开端，因为氧气危机迫使存活下来的生命进化出了带有细胞核的细胞，即我们的祖先——真核生物。

随着产生越来越多的氧气，并不断与甲烷反应，甲烷的浓度下降。[10] 由于甲烷是一种强温室气体，甲烷减少使气候急剧变冷，这引发了从约 23 亿年前开始的大规模的冰期，即休伦冰期。[11] 随后是一段非常温暖的时期，之后气候趋于稳定，在接下来的 16 亿年里，地球上没有冰期存在的证据。更多相关内容见第三章。

总而言之，在地球历史的最初几十亿年里，尽管太阳温度较低，但地球气候是相对温暖的，这是因为温室气体含量比现在高很多。但这里仍有一个问题，生命在液态水中演化了 40 亿年，这些水恰好没有彻底冰冻，也没有沸腾后进入太空，地球如何在其整个历史进程中保持一个合理的温度，这个温度足够温和（虽然也存在一些类似于休伦冰期的起伏），使一些水保持液态？换言之，随着太阳变得越来越热，地球大气发生了什么变化，以维持40 亿年间的"宜居气候"？

盖亚假说和地球气候

虽然我们还不能完全理解为什么地球在这么长时间内都是适合居住的，但一个关键机制是大气的演变，而其中一个驱动因素是光合作用。陆地和海洋中各种大大小小的光合作用生物从大气中吸收二氧化碳并释放氧气，再将碳转化为碳氢化合物，并将其储存在地壳的岩石中。另一个同时进行的过程也有类似的结果，就是将碳从二氧化碳转化为碳酸盐矿物，这也是大多数有壳生物制造外壳的过程。随着时间的推移，虽然太阳慢慢变暖，但这两个过程减弱了温室效应，足以防止地球变得太热。

生命将地球气候控制在适宜自己生存的状态，这是盖亚假说的基本思想，该假说由詹姆斯·洛夫洛克（James Lovelock）于1972 年首次提出 [12]，并在 1974 年由洛夫洛克和林恩·马古利斯（Lynn Margulis）进一步拓展 [13]。根据他们的理论，地球和居住其上的生物形成了一种自我调节机制，不仅确保当前状态适宜生命存在，而且当这个系统的主要能量来源（太阳）的强度发生缓慢变化时，依旧可以通过自我调节达到这一适宜状态。这种自我调节是通过一系列生物过程和气候反馈实现的（气候反馈已在第一章讨论过）。

以下是有关该机制运作的一个例子。想象在温暖的气候中，海洋中生活着大量的细菌，大部分是"老式"的细菌，也有一些是新进化的细菌——光合细菌。光合细菌可以利用太阳能将二氧化碳转化为氧气。我们假设后者适宜在稍微凉爽的环境中生长，而前者则喜欢温暖的环境。随着时间的推移（很长时间），光合细菌逐渐消耗了大量的二氧化碳，气温略有下降，这对它们当然有好处——可以茁壮成长，而"老式"的细菌则在颤抖和抱怨中死亡。随着光合细菌的数量继续增加，气候变得更冷了，它们因此更加茁壮成长，又过了很久，它们开始主宰细菌种群，使气候继续变冷。但它们如果过于成功，为了自身的利益导致气候变得太冷，它们自己就将无法继续大量繁殖，气候会因此停止变冷。

洛夫洛克的盖亚假说在早期并没有被科学界接受，实际情况甚至比这更糟：几乎完全被忽视。其中一个问题是"盖亚"（希腊神话中的大地女神）一词的使用，以及洛夫洛克声称她是有生命的。1979 年，他写道："如果盖亚确实存在，那么我们可能会发现自己和其他所有生物一起，都是一个庞大生命的一部分和伙伴，这个生命整体上有能力维持我们的星球，使其成为适合生命的舒适栖息地。"[14] 这种说法让大多数科学家感到不适。另一个更加令人担忧的问题是，这意味着当今的生物能够自动构思出一个使气候宜居的计划，并开始付诸行动。

生命的某种"目的"根本不是洛夫洛克理论的真正内涵，但对许多人来说，其关于盖亚的早期论著并没能清楚地说明这一点。更重要的问题是，盖亚不是一个真正的科学理论，因为它无法被验证。此外，当时许多研究古气候的科学家认为气候完全是由物理和化学过程控制的。

1983 年，洛夫洛克和安德鲁·沃森（Andrew Watson）搭建了一个名为"雏菊世界"[15] 的模型来验证盖亚假说。这个假设的世界是一颗仅由两种雏菊（白色雏菊和黑色雏菊）构成的类地行星，像地球一样绕着变暖的恒星旋转。白色雏菊可以反射太阳光，所以整体而言对行星有降温效应，而黑色雏菊吸收太阳光，对行星有增温效应。这颗行星的裸露地表的反照率介于白色和黑色雏菊之间。在这个模型里，雏菊可以在 5~40℃之间存活，最佳生长温度为 22.5℃。数值模拟结果显示，在行星历史的早期，恒星温度还比较低，"雏菊世界"太寒冷了，以致雏菊根本无法存活。当行星的表面温度逐渐上升至 5℃时，雏菊开始生长，黑色雏菊的长势更好，因为它们可以吸收太阳光并加热局地环境，而白色雏菊因为对环境的冷却效应而长势不佳（图 2-5）。在这一阶段，黑色雏菊统治了世界。随着恒星逐渐升温，环境已经无须再次加热，白色雏菊开始在竞争中占上风，并占据统治地位。最终，恒星变得太热了，连白色雏菊也不能反射过多的光，当行星温度超过 40℃，所有雏菊都走向了死亡。

图 2-6 展示了"雏菊世界"的温度变化历史。当温度达到 5℃，雏菊开始生长，且黑色雏菊很快占据主导位置。在几百万年的时间里，雏菊将温度稳定在 22.5℃的理想状态。从那时起，白色和黑色雏菊的组合使行星温度接近理想状态，但最终当恒星变得太热，即使 100% 的白色雏菊也无法调节温度，情况就不妙了。

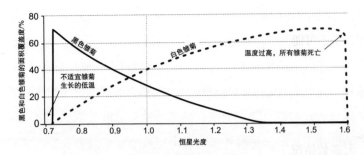

图 2-5 "雏菊世界"中黑色和白色雏菊所占表面积的比例与光度的函数（相对于当前 1.0 光度）

　　注：引自 A. 沃森（Watson, A.）和 J. 洛夫洛克（Lovelock, J.），《全球环境的生物平衡》，1983 年。

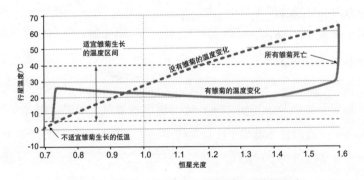

图 2-6 "雏菊世界"年平均温度随光度的变化

　　注：点画线表示行星温度随恒星光度增长而增长的过程。引自 A. 沃森（Watson, A.）和 J. 洛夫洛克（Lovelock, J.），《全球环境的生物平衡》，1983 年。

　　虽然"雏菊世界"是一个高度简化的气候演化模型，但它表明生物对气候的控制是可能的，而且不需要有目的或有组织地实现。在过去的几十年里，盖亚假说逐渐被人们所接受，现在这个理论已经被广泛认同，并被视作大气演化和地球 45.7 亿年里气候保持

（相对）稳定的可行解释。如果没有生命的调节，现在地球的表面温度几乎不可能与 40 亿年前相同。

碳的储存

大多数情况下，生物控制地球气候以抵消太阳变暖的作用已经实现——不是通过黑色和白色雏菊，而是通过改变大气气体的比例，或者更具体地说，是通过降低温室气体的浓度。这意味着，大气中曾以二氧化碳和甲烷的形式存在数万亿吨碳，这些碳大部分最终以石灰岩[16]等形式缓慢、有条不紊、安全地储存在地壳中（图2-7），或以碳氢化合物分子的形式储存在煤、石油和天然气中。

图 2-7　后卫山（左）主要由石灰岩构成，就像加拿大的落基山脉一样。伯利兹露出地面的石灰岩层（右），显示出岩石的外壳成分

石灰岩是由多种海洋生物形成的，包括珊瑚、双壳类、腹足类、头足类、海绵类、节肢动物和藻类。成为化石燃料的有机物

主要来自微生物、绿藻、红藻，后来又来自原始和进化后的高等陆生植物。

　　碳在岩石中的储存已经进行了很长时间。最古老的石灰岩形成于35亿年前，也存在至少可以追溯到30亿年前的富含碳的黑色页岩。尽管大多数化石燃料矿床的形成不早于2.5亿年前，但有些化石燃料矿床的年龄要比2.5亿年长得多，甚至可追溯至寒武纪（5.4亿年以上）之前。也就是说，大多数真正古老的岩石在地壳里都埋得足够深，它们含有的所有碳在高温下都转化成了石墨[17]。

　　储存在石灰岩和化石燃料中的碳是"安全"的，因为这些岩石大多数都"安全"地位于地下。每年仅有极少部分的岩石被自然侵蚀，并向大气释放碳，而与此同时又有数量相当的碳被储存，主要在海底。但问题来了，人类正通过开采并燃烧化石燃料、用石灰岩生产水泥等方式干预这一自然过程，释放出大量的碳。

　　我们每年都使用大量的化石燃料（包括煤、石油和天然气），总量相当于800亿桶石油，这大致相当于1.15亿节铁路油罐车，或者一列长得足以环绕地球17圈的油罐列车！平均到每一天，相当于319700节油罐车，足以从多伦多延伸到达拉斯，或从巴黎延伸到基辅。这是一列2000千米长的列车！煤、石油和天然气中几乎所有的碳最终都以二氧化碳的形式进入大气：每天大约有1亿吨。这是那些数千万年前，甚至数亿年前从大气中消失，并储存在岩石中的碳，它们抵消了太阳变暖的影响。我们把碳挖出来或抽出来，再以二氧化碳的形式放回大气中，严重地损害了地球调节温度的能力，特别是现在的太阳温度已经要比这些碳最初被储存时高得多。

未来的太阳变暖

遥远的未来呢？在接下来的几十亿年里，随着太阳持续变暖，大气必须向更弱的温室效应演化。若非如此，届时地球上的任何生物都将难以生存。但这不是我们需要担心的事情，因为太阳的升温过程非常缓慢。未来 100 万年，太阳升温引起地球潜在的温度变化约为 0.016℃（如果其他一切因素保持不变）。如果到那时人类还没有被这个星球淘汰，他们应该能够应付这件事。

但我们如果以另一种时间尺度来看，事情就会变得更加困难。对未来 15 亿年的气候模拟结果显示，那时的地球仍可以支持生命的存在（因为依旧有液态水），但人唯一可以生存的地方只剩下南极 [18]。不过，这一未来实在太过遥远，我们甚至无法推测那时地球上的生命是什么样子。

在那之后的某个时刻，地球会变得非常热，以至水会被蒸发到太空中，到那时，它将真正不适合已知的生命居住。

第三章

板块漂移与大陆碰撞

"我第一次有大陆漂移的想法是在 1910 年，当时我正在看世界地图，发现大西洋两侧的海岸线有点吻合。起初，我并没往大陆漂移方面想，因为我觉得这是不可能的。到了 1911 年的秋天，我在一份分析报告中偶然了解到古生物学相关的证据，表明在巴西和非洲之间曾经存在一座陆桥，那是我第一次听说这件事。后来，我粗略地查阅了地质学和古生物学相关的研究，调研结果给我提供了重要的佐证，使我确信大陆漂移设想的合理性。从此，这一想法即在我脑海里扎根。"

——阿尔弗雷德·魏格纳，1929 年[1]

1915 年，德国气象学家阿尔弗雷德·魏格纳第一次提出大陆漂移的概念，1930 年，魏格纳在格陵兰岛中部从事科学工作时逝世①。但直到 1965 年左右，都很少有地球科学领域的权威专家对他的这一观点给予重视。这种漠视，一方面源于权威专家们的固执和排外，另一方面也是因为魏格纳提出的理论太过超前。当时人们对地球的了解并不充分，导致包括魏格纳在内的所有人都无法想象大陆是如何移动的。

1915—1965 年，随着人们对地球内部过程了解的加深，这种情况才逐渐改变。其间有以下重要发现：

- 放射性衰变源源不断地产热，导致在地球深处累积了大量的热能。

---

① 1930 年 11 月，魏格纳在第 4 次考察格陵兰岛时遭到暴风雪的袭击，倒在了茫茫雪原上。直到次年夏天，搜索队才找到他的遗体。——译者注

- 热量由地核传递到地幔，使得地幔中坚硬的塑性岩石产生缓慢的地幔对流。

- 地幔对流是地球板块上部刚性层（厚约 100 千米）以及大陆运动的驱动力。

现在人们普遍认为，地球板块正以每年数厘米的速度在地球表面移动。在板块交界处，有的地方有新洋壳生成，而有的地方则有旧洋壳消亡，这些过程是多数地震和火山爆发的始作俑者，也主导了几乎所有山脉和海盆的形成。这些过程在过去至少 10 亿多年中一直在发生，在地质时期的大部分时间也可能都在发生。

板块构造对地球气候有着重要影响。随着地质年代的推移，与板块相关的过程引发了一些气候剧变，导致严重的后果。这些气候变化的主要原因如下：

- 陆地的反照率大于海洋，而且这一差异在低纬度地区的影响更大，因此大陆的运动可以通过影响地球反照率[2]来影响气候。

- 火山活动是板块运动过程的产物，会导致地球气候在短期内降温，以及在长时间尺度上升温（见第四章）。

- 板块构造过程形成山脉，与平原相比，山脉更容易遭受侵蚀，侵蚀中的岩石风化作用消耗大气中的二氧化碳，使得大气降温（详见下文）。

- 海盆重构会导致洋流改变，进而对地球气候产生重大影响。

行星反照率与大陆漂移

正如第一章与第二章中讨论过的，陆地的反照率比开阔的水面更大，其中一些地表类型比其他类型的反照率更大。例如，冰雪覆盖的表面反照率为 70%~90%，没有植被的裸露地表反照率为 15%~40%，如果地表变湿，反照率要减小一点。而大部分有植被覆盖的地表反照率仅为 10%~20%，当太阳高度角比较高时，开阔的洋面和湖面反照率仅为 3% 左右。

纬度是影响反照率的关键因素。低纬度（赤道）地区地表差异导致的反照率差异更明显，因为在低纬度地区，全年的太阳辐射强度都很大。而在高纬度地区，由于太阳一直都比较靠近地平线，因此即使在夏季，太阳辐射强度也不算太高。目前，占地球表面 29% 的陆地几乎是沿纬度均匀分布，大约有 33% 分布在赤道地区（南北纬 30° 以内），还有 38% 分布在温带地区（南北纬 30°~60° 之间），以及 29% 分布在极地地区（南北纬 60°~90° 之间）。

距今约 7.2 亿年前，大陆的分布与现在完全不同（图 3-1）。当时，大部分的陆地是罗迪尼亚古陆的一部分，有 50% 在赤道地区，40% 在温带地区，只有 10% 在极地地区。赤道地区对辐射强度较为敏感，由于陆地的反照率大于海洋的反照率（当时地表没有植物，因此地表反照率比现在还要大[3]），而且在低纬度地区岩石的风化作用更强，因此这么高比例的陆地分布在赤道地区会造成冷却效应（详见本章后文）。超级大陆集中分布在赤道地区，造成较高的反照率，是导致第一次成冰纪形成"冰雪地球"的重要原因[4]。尽管我们不知道早期大陆的具体位置，但目前并没有证据表明在成冰纪[5]之前的 20 亿年及成冰纪之后，有过大陆在赤道聚集的现象。

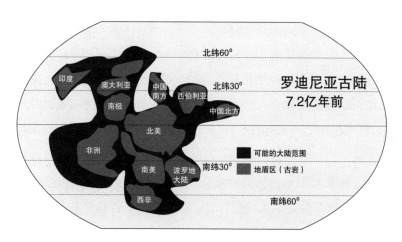

图 3-1 距今约 7.2 亿年前罗迪尼亚古陆可能的纬度分布

注：引自 P. 霍夫曼（Hoffman, P.）等人，《雪球地球气候动力学与冷原地质-地球生物学》，《科学进展》第 3 卷，1—43 页，2017。Http://snowballearth.org。

在第二章已经提过，休伦冰期是地球上第一次大冰期，出现在约 23 亿年前。此后 16 亿年里地球上都没有出现冰期。直到 7.2 亿年前，地球经历了有史以来强度最大、范围最广的冰河时期。当时，罗迪尼亚超级大陆位于赤道地区，其反照率效应引起大气产生小幅度降温（据估计约为 3℃），这可能进一步导致了高海拔和高纬度地区冰雪不断地堆积。此外，降温也有利于海水溶解更多的 CO_2，从而使 CO_2 被海洋大量吸收。这些正反馈作用使得大气降温更剧烈，没过多久，地表就几乎全部被冰覆盖了。以上便是著名的斯图尔特冰期，这次冰期大约持续了 6000 万年。在这段时间里，地球年平均温度约为 –40℃，海洋上覆盖的冰层厚度在 200 米以上（包括赤道在内）。由于地球表面几乎没有液态水，水循环基本停滞。对于陆地冰川来说，一方面缺乏降雪补充，另一方面冰川又不断地因升华过程而损耗，于是一些岩石便裸露出来。

与《权力的游戏》(*Game of Thrones*) 中长达千年的"凛冬"相比，6000 万年已经堪称超级长的"凛冬"，但是考虑到明亮的冰面可以反射大部分入射太阳光，这场冬季也许能持续更长时间（如数十亿年）。万幸的是，在那段时间，地球内部的热机仍在运作。火山持续地喷发，将 CO_2 等气体带入大气层。当时没有开阔水域，风化作用也因低温而减慢（详见下文），因此火山喷发的 CO_2 几乎全部留在了大气层，CO_2 浓度逐渐增至 13% 左右（大约是当前二氧化碳浓度的 325 倍）。温室效应渐渐增强，直至超强的温室效应抵消了明亮冰面的冷却效应[6]，冰川才开始融化。随着一些陆地冰川的消退和融化，地表反照率降低，CO_2 和 CH_4 等温室气体从冻土中被释放到大气层，这些正反馈开始引发全球变暖。

最终，海冰开始融化直至基本消失，这一过程持续了几千年。[7] 反照率较强的冰雪快速地被反照率弱的开阔水面所替代，在接下来的几千年甚至几万年里，大气中的 CO_2 浓度至少为数个百分点（几万 ppm），强烈的温室效应使得地球气候处于"热室地球"状态。

大陆碰撞与造山运动

根据板块构造学说，板块相对运动分为三种：（1）彼此远离（离散型）；（2）相互靠近（汇聚型）；（3）彼此交错运动（转换型）。在大多数汇聚型板块边界，洋壳会向陆壳或另一洋壳下俯冲（由于构成海底的岩石较重，洋壳比陆壳密度大，所以只有洋壳可以俯冲，陆壳不能俯冲）。陆壳向下俯冲的过程，有点像将一个充气的玩具按压入湖水或游泳池中。

许多大洋板块中也包含了一些陆壳（如岛屿或大陆），作为一个整体一起移动。大约1亿年前，携带着印度大陆的板块开始与南极板块分离，并向北移向亚洲大陆（图3-2）。由于大陆板块受到侵蚀，在大陆板块周围的海底聚集着大量沉积物和沉积岩。距今5500万—4500万年间，印度板块的大陆部分与亚洲大陆相接，前者没有向下俯冲，印度板块北部（构成现在印度北部与南亚）与两个大陆板块之间的沉积岩受到挤压、折叠、断裂和抬升，形成了目前地球上海拔最高、延伸范围最广的山脉——喜马拉雅山脉（图3-3）。[8]这一抬升过程持续了几千万年。实际上，印度—澳大利亚板块仍在向北移动，且仍在抬升喜马拉雅山脉，世界最高峰——珠穆朗玛峰也正以每年几厘米的速度升高。因此，如果你毕生的梦想就是攀登珠穆朗玛峰，最好还是早点行动。

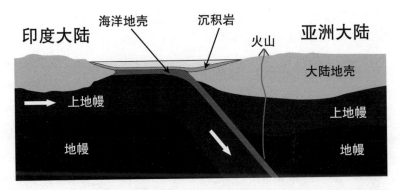

图 3-2　大约 6000 万年前，大洋板块携带着印度大陆向北俯冲向亚洲大陆

图 3-3　大约从 5000 万年前开始，印度大陆与亚洲大陆相撞形成了
喜马拉雅山脉

　　喜马拉雅山脉形成的地质时期很近，但它并不是这一时期形成的唯一重要的山脉。除此之外，还有扎格罗斯山脉，邻近伊朗、伊拉克和土耳其的山脉，以及位于欧洲的阿尔卑斯山脉。这些山脉大多形成于距今 6500 万—4000 万年前，均是大陆碰撞的产物。

　　山区的侵蚀速度比平原地区快很多（图 3-4）。喜马拉雅山脉绵延 2400 千米，从缅甸到巴基斯坦，再向北延伸至中国南部，其侵蚀速度比地球上任何区域都要快，而且已经持续了近 5000 万年。与侵蚀有关的过程之一是岩石的化学风化作用。这一作用有多种形式，其中硅酸盐矿物的水解[9]引人关注，当长石等硅酸盐矿物水解时会形成黏土矿物，并由此消耗大气中的 CO_2。

图 3-4 尼泊尔喜马拉雅安纳普尔纳地区地形崎岖，这里的低坡上堆积着厚厚的松散的岩石，表明此地有明显的快速侵蚀过程（艾萨克·厄尔摄）

图 3-5 展示了新生代造山运动与全球气温之间的关系。在中生代（261Ma—66 Ma），气温一直很高，并持续到了新生代早期。但从大约 5000 万年前起，气候开始变冷，全球气温累计下降了约 14℃。这种长期的气温下降与大气中 CO_2 浓度的变化密切相关，

温度与 CO_2 浓度的变化大多可归因于喜马拉雅等山脉风化作用的增强。简言之,板块构造运动可引发全球气候变化。

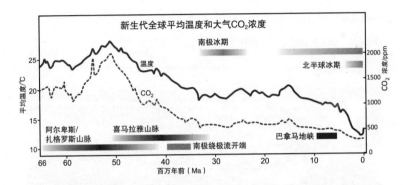

图 3-5　过去 6600 万年的全球温度(左侧刻度)和大气 CO_2 浓度(右侧刻度)的时间序列,以及山脉形成、洋流变化和冰期演化的时间标注

注:引自詹姆斯·汉森(James Hansen)等人的研究资料,由鲁特·劳特利奇(Root Routledge)编撰。详见 alpineanalytics.com/Climate/DeepTime.html。

板块构造与洋流变化

板块构造也能以一些其他的方式影响气候变化。例如,板块的移动可以改变海盆特征,进而影响洋流和气候。大约 4000 万年前,南美洲南部与南极洲之间水流较浅,因此可以说是连在一起的。在距今 4100 万—3400 万年前,二者之间的德雷克海峡因板块运动变得更宽、更深,也是从那时起,强劲的南极绕极流开始由西向东绕南极流动(图 3-6)。

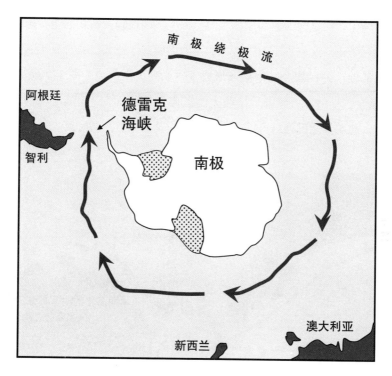

图 3-6　南极绕极流的大致路径

　　这一洋流将南极洲与南太平洋、大西洋和印度洋等相对较暖的洋流隔绝开来，使南极洲无法接触到温暖的海水，从而在其南部形成冰盖，并由大概 3500 万年前延续至今（冰期在 25 Ma—15Ma 之间可能有中断）（图 3-5）。

　　在大约 1 亿—1000 万年前，南、北美洲之间被宽达数百千米的水道隔离，太平洋与大西洋之间的海水可以自由流通。但当时洋壳在今天的中美洲底部俯冲，方式与图 3-2 中印度大陆与亚洲大陆之间相似，该过程导致在俯冲板块上形成岩浆（不是因为俯冲板块被融化，而是因为它释放的水与上面炎热的地幔岩石相混合，导致岩石融化，这在火山学中被称作渗滤熔融。这造成了数百万年的火山活动，并在如今的中美洲形成了一系列火山岛屿（图 3-7）。最终，大约 1000 万年前，这些火山岛屿合并成地峡，为陆地动物在南、北美洲之间通行开辟了道路，却封锁了中美洲的海路。

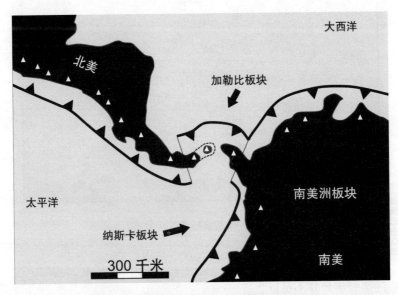

图 3-7　巴拿马地峡发展的初始阶段示意图

注：大约 1500 万年前，纳斯卡板块在南、北美洲下方俯冲（沿锯齿状线条），与此同时，加勒比板块从不同的方向在巴拿马下方俯冲。白色三角表示火山的可能位置。虚线表示地峡下一步可能的构造。引自 S. 利昂（León, S.）等人，《从碰撞到俯冲的过渡状态——以新三纪巴拿马—纳斯卡—南美洲的相互作用为例研究》，《构造学》，第 37 卷，119—139 页，2018。

这种变化使墨西哥湾流（以及整个大西洋环流系统）更加强劲，暖水向北流动给北大西洋带来了更多的热量和水汽。讽刺的是，额外的热量和水汽使冰岛、格陵兰岛、北美北部和北欧降雪量增加，反照率升高，最终引发了更新世冰期。[10] 自 250 万年前以来，北半球多次进入冰期，其周期具有明显的规律性。第六章将对冰期周期性出现的原因进行讨论。

小结

在第二章中讨论了历史上的太阳演化过程（目前仍在演化），其时间尺度为数十亿年。相比较而言，与板块构造相关的各种气候变化过程的速度更快——时间尺度为数亿年、数千万年以及数百万年。在数亿年的时间尺度上，罗迪尼亚超级大陆形成并向赤道地区移动，导致地球气候变冷。喜马拉雅山脉的形成经历了数千万年，伴随的持续侵蚀作用使地球大幅度冷却。在过去的数百万到数千万年时间里，南极绕极流的形成和巴拿马地峡的变化，使南极洲和北半球先后进入冰期。

这些板块构造过程对气候的直接影响是不易察觉的，而且这些过程本身并不足以引起成冰纪及新生代冰期这样剧烈的气候变化。在以上所有案例中，板块构造驱动的温和变化被各种正反馈机制放大，最终导致全球平均温度少则几摄氏度多则几十摄氏度的变化。目前人类活动已经造成超过 1℃ 的增温，当你看到这一数字时，请知悉，这只是开胃小菜，后续气候反馈所带来的影响才是重头戏。

第四章

火山喷发导致的降温与增暖

我该如何形容那年的果实呢？那一年天气极为异常，甚至连一丝温暖的阳光都无法抵达地面。果实几乎都无法成熟，当然了，前提是有"果实"可言。夏季阴云密布，铺满整个天空。身处其中时，人们常常有置身秋季的错觉。厚厚的云层阻挡着暖阳，草料晒不到太阳，被大雨反复浇湿，一直干不了。

——桑斯的里彻鲁斯（Richerus），1267 年 [1]

里彻鲁斯是一名本笃会修道士，上文他描述的可怕情形源于他的亲身经历。那是 1258 年的夏天，他生活在巴黎东南部一个叫作桑斯的村庄里。那一年，除了巴黎，欧洲各地也都记录了这种混乱气候。尽管世界上其他地区对此记录较少，但大多也发生了类似情形。1258 年（持续到 1259 年）的整个夏天，天气又湿又冷，饥荒横行，疾病肆虐。里彻鲁斯可能并未想到，这种恶劣的天气竟与火山喷发有关，也就更加联想不到是 2240 里格 [2] 以外的火山喷发了。看起来他受到的影响并不算严重，但是对于那些缺衣少穿、食不果腹的人来说，死亡近在咫尺。

本章将讲述火山喷发的原因、不同的喷发方式和规模，并解释为什么需要关注火山喷发的方式和规模。正如 1258 年和 1259 年所发生的情形，火山喷发不仅可以在较短时间尺度上影响地球气候，其影响还可能更深远。

火山喷发

地球堪称一颗火山星球，这是因为地核和地幔尚未冷却，而且地幔中还有对流发生。我们有理由相信，远古时期（数十亿年前，而不是数百万年前）地球上的火山要比现在更活跃，在很多情况下，喷出的岩浆的温度要比现在还高。现在金星上也依然有活跃的火山活动，或许比地球上的火山活动还要多。火星和月球上已没有火山活动，这是因为它们体积较小，内核已经冷却下来，火山活动不再活跃。

地球上的火山活动发生在几种不同的地质环境下，其中大多数都直接或间接地与板块构造有关（图4-1）。在深入讨论该问题之前，我们需要先大致了解一下地球上与板块构造和火山活动有关的部分。

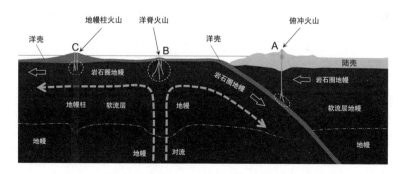

图4-1　在板块构造的框架下，火山活动的重要环境状况

注：该图为横截面图，自上而下为地壳和地幔上部，深度约为400千米。

　　地球的最上层是地壳，由脆性岩石构成。在大陆上，地壳厚度为 30~40 千米，而在海底，则只有 5~6 千米。构成陆壳的岩石颜色相对较浅，密度较小，整体成分与花岗岩相似。这种岩石含有大量的长石类矿物和石英（二氧化硅），因此也被称为长英质岩石。构成洋壳的岩石颜色相对较深，密度较大，整体成分与玄武岩相似，由于这种岩石含有大量的镁和铁，因此也被称为镁铁质岩石。地壳和洋壳都漂浮在地幔上，构成陆壳的长英质岩石密度小于构成洋壳的镁铁质岩石，导致大陆比海底稍高，这也是海洋得以形成的原因。

　　地幔上部由刚性岩石构成，因此也被称为岩石圈地幔或类岩石地幔，它与地壳共同构成了岩石圈。岩石圈的厚度约为 100 千米，是构造板块的主体。再往下的地幔层温度接近熔点，因此被称为软流层。地幔其余部分一直向下延伸至深为 2900 千米的地核边界，该部分为坚硬的塑性岩石，可以通过对流活动将热量由地核传递至软流层，但速度很慢（每年仅有几厘米）。

　　地幔柱由热的地幔岩石构成，而不是岩浆。它从地幔与地核的边界附近开始上升，其速度比地幔对流快 10 倍。看上去地幔柱并不会受到地幔对流的影响，而且它们倾向于在一个地方停留数千万年。

　　驱动火山喷发岩浆的条件通常有 A、B 和 C 三种类型（图 4-1）。A 类型位于软流层内，在俯冲的洋壳体上方不远处。洋壳的裂缝和孔隙中有水，因此它本身就是湿的，同时它还包含水合矿物[3]。当这种地壳被迫俯冲进很热的地幔中而升温时，水合矿物失去水分，同时裂缝和孔隙中的水会上升至软流层，成为一种降低该处岩石熔点的溶剂，这便是渗滤熔融作用。这使得部分已经很热的地幔岩石被熔融，从而产生岩浆。岩浆向地表上升，形成了俯冲火山。位于华盛顿州的圣海伦斯火山就是一座典型的俯冲火山。

B 类型位于扩张中的洋中脊。来自深处的炽热地幔岩石被地幔对流缓慢地带到地表，由此产生的压力下降导致该岩石部分被熔融，这便是所谓的减压熔融。该过程产生的镁铁质岩浆（富含镁和铁）从板块离散的裂缝中上升到海底，并形成由玄武岩构成的新洋壳。在大西洋中部及其他许多地区，这一过程一直都有发生。

C 类型发生在地幔柱上。随着地幔柱中的岩石不断向地表上升，也会发生减压熔融，并形成镁铁质岩浆。起初会在海底形成玄武岩，但如果这一过程持续时间足够长，便会形成海岛。夏威夷群岛上的基拉韦厄火山就是一座典型的地幔柱火山。

形成于扩张中的洋中脊以及地幔柱（类型 B 和 C）的岩浆，起初与玄武岩一样，均由镁铁质成分构成，由于缺乏改变的条件，便会一直保持这种状态。与之相反，形成于俯冲带（类型 A）的岩浆则不同，虽然起初也由镁铁质成分构成，但是由于它在地壳中穿过了较长的路径，且常常被储存在地壳的岩浆房中，因此它很有可能在沿途发生变化（图 4-2）。首先，岩浆的热量导致其周围部分地壳岩石被熔化，一些二氧化硅熔化进岩浆，使得岩浆里镁铁质成分减少，长英质增多。其次，岩浆房中有可能形成富含铁和镁而缺乏二氧化硅的晶体矿物质。当这些晶体沉降在岩浆房底部，便会形成岩浆房分层现象。由于岩浆房底部温度较高，这些晶体会重新熔化，从而使上部的岩浆更加富含长英质矿物，底部的岩浆更加富含镁铁质成分。

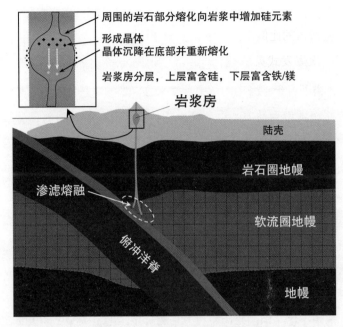

周围的岩石部分熔化向岩浆中增加硅元素

形成晶体

晶体沉降在底部并重新熔化

岩浆房分层，上层富含硅，下层富含铁/镁

岩浆房

陆壳

岩石圈地幔

渗滤熔融

软流圈地幔

俯冲洋脊

地幔

图 4-2　俯冲带火山喷发的环境

注：插图展示了岩浆中二氧化硅增加的过程。

重要的是，相比在扩张中的洋中脊或地幔柱喷发的镁铁质岩浆，俯冲火山所喷发的偏长英质岩浆通常更为黏稠（流动性较差）。较大的黏度导致俯冲火山喷发频率较低，但喷发时更具爆发性，能够将大量的火山灰和气体送入高层大气。

火山喷发产物

火山喷发的产物包括流动的熔岩（岩浆）、火山灰（微小的玻质碎片）、岩屑（统称火山碎屑）和气体。不同类型的火山喷发，各产物所占的比例差异较大。

一次爆发式火山喷发（通常位于俯冲带，尤其是岩浆由长英质矿物构成）会释放大量的火山灰，而且，如果喷发规模较大，这些火山灰会被送入平流层。1980 年圣海伦斯火山的喷发较为温和，但规模较大。在其喷发期间，火山灰柱伸展高度为 24 千米（图4-3），然而其间并没有熔岩流出。

图 4-3 1980 年 5 月 18 日圣海伦斯火山喷发形成的火山灰柱（部分）

　　喷发的岩浆如果含有镁铁质成分，流动性会比较好，很可能以相对温和的方式从火山口流出来，形成熔岩。这种喷发方式基本不会喷出火山灰，被称为溢流式火山喷发。

　　火山灰颗粒很小，但也没小到可以长久地停留在空中。较大的颗粒会在数小时到数天内降落，较小的颗粒会在数天到数周内降落。所以，尽管由火山灰构成的厚云会在一段时间内遮蔽阳光，并产生降温效应，但它持续的时间还没有长到可以影响地球气候。而且，如果火山灰沉降在冰雪表面，会降低反照率，产生增温效应，从而抵消部分降温效应。但是，火山喷发的气体确实会产生显著的气候影响。

　　无论是爆发式喷发、溢流式喷发，抑或两种方式相结合的火山喷发，均会将大量的气体释放进大气层。火山气体中最为充足的是水汽，但火山喷发释放出的水汽与大气中已经存在的水汽相比，体量很小，所以并不具备影响气候的能力。对于气候变化而言，二氧化碳与二氧化硫才是最重要的火山气体。二氧化碳是一种温室气体，所以火山活动自然会导致全球变暖。二氧化硫也是一种温室气体，可以吸收红外辐射，但因为在大气中停留时间较短，所以它最主要的作用并不是产生温室效应。火山喷发后数小时到数天内，二氧化硫可与水汽结合产生硫酸液滴，或与钙、氧结合形成微小的硫酸钙晶体，这些微小颗粒物被称为硫酸盐气溶胶。这些气溶胶颗粒体积非常小，可以在大气中持续几个月，甚至几年的时间。正如里彻鲁斯所观察到的那样，火山喷发产生的硫酸盐气溶胶遮蔽阳光，从而产生强烈的降温效应。

为了理解火山气体的重要性，我们需要将一次典型的火山喷发释放的气体量与大气中存在的气体量进行比较（表 4-1）。以 1991 年皮纳图博火山的喷发为例，不难看出，一场中等规模的大型火山喷发所释放的水汽与大气中已经存在的水汽量相比是微不足道的。另外，值得注意的是，水汽在大气中的生命史较短（大概 9 天），所以皮纳图博火山向大气排放的 4 亿吨水汽在 1 到 2 周的时间内，便会降落成雨，也就不会造成任何气候影响。

表 4-1　目前大气中部分火山气体的储量，以及一次典型的大型火山喷发所释放的量

	H_2O	CO_2	SO_4+SO_2
目前大气中的储量 / 百万吨	16000000	3200000	2
1991 年皮纳图博火山喷发期间的喷发量 / 百万吨	400	40	20

注：H_2O 和 CO_2 的总量值是通过它们在大气中的浓度进行推算。SO_4 和 SO_2 的储量来自 P. 曼特罗（Manktelow, P.）等人，《自 20 世纪 80 年代开始硫酸盐的区域性和全球性趋势》，《地球物理研究通讯》，第 34 卷，L14803，2007 年。1991 年皮纳图博火山喷发的数据来自塞尔夫（S. Self）等人，《1991 年皮纳图博火山喷发的大气影响》，1997 年，pubs.vsgs.gov/pinatubo/prelim.html。

火山喷发所释放的二氧化碳与大气中二氧化碳的总量相比也是非常小的，但是二氧化碳可以在大气中滞留很长时间（数百到数千年）[4]。所以对于一次偏强的火山活动来说，如果能持续喷发几个世纪甚至更长时间，则有可能导致大气增温。

另外，火山喷发的硫是大气中已有硫总量的 10 倍（表 4-1）。

这便解释了为什么一次大型的火山喷发活动可以产生急剧且显著的气候效应（冷却效应，原因是硫酸盐气溶胶阻挡了入射的太阳光）。正如前文提到的，在大多数情况下，硫酸盐气溶胶在大气中停留的时间最长也不过几年，所以这一气候效应往往是非常短暂的。

历史上火山喷发的气候效应

这一部分将会描述一些造成了明显气候影响的著名火山活动。在各个案例中，将会给出岩浆喷发量的估计值，包括流动的熔岩和火山碎屑（火山灰和浮石）的总量。以著名的 1980 年圣海伦斯火山喷发为例，这座火山位于华盛顿州，喷发活动持续了 9 小时。其间，约 0.21 立方千米的火山灰被喷射到对流层上层和平流层下层。

基拉韦厄火山，夏威夷

位于夏威夷的基拉韦厄火山是一座地幔柱火山，尽管该地幔柱已有 8000 万年的历史，但基拉韦厄火山在 30 万年前才开始喷发。在这 30 万年间的大部分时间里，基拉韦厄火山一直都很活跃。历史上，基拉韦厄火山喷发的时间多于平静的时间。最近一个喷发周期开始于 1983 年，延续至 2018 年，中间几乎没有中断。在这 35 年里，它喷发的岩浆接近 4.4 立方千米，绝大部分是熔岩，只在早期喷发了少量火山灰。

没有证据表明基拉韦厄火山最近一个喷发周期对全球气候产生了可衡量的影响。在这 35 年里，岩浆平均的喷出量非常低（约为 0.01 立方千米 / 月），尽管喷发了不少气体（图 4-4），但整体来说并不足以对大气造成显著影响。

图 4-4　位于基拉韦厄火山底部的气体监测器

注：白雾是火山喷出的水汽，同时伴有浓烈的二氧化硫气味。

皮纳图博火山，菲律宾

正如表 4-1 所列，1991 年 6 月，菲律宾吕宋岛上的皮纳图博火山喷发，使大气中硫酸盐的含量显著增加。与 1984 年圣海伦斯火山喷发一样，皮纳图博火山这次喷发也持续了大约 9 小时。但在这 9 小时里，皮纳图博火山喷发的火山灰达到了 5 立方千米，是圣海伦斯火山喷发量的 25 倍。相应地，皮纳图博火山释放的气体量也更多。

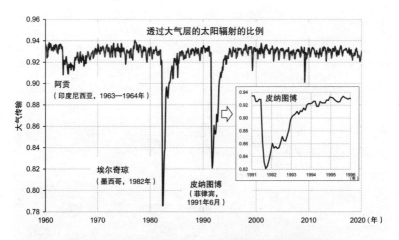

图 4-5 1960—2020 年，火山喷发的大气辐射效应

注：大气中硫酸盐气溶胶含量与主要的火山喷发活动有关，数据基于太阳辐射的减弱变化。图中的小图更为详细地展示了与 1991 年皮纳图博火山喷发有关的辐射减弱事件。相关数据来自美国国家海洋和大气管理局（NOAA）地球系统研究实验室全球监测部门，https://www.esrl.noaa.gov/gmd/grad/mloapt.html。

图 4-5 展示了从 1960—2020 年火山喷发的大气辐射效应。图中曲线表示太阳辐射被大气阻挡的程度，太阳光线变暗与几次火山喷发所释放的硫酸盐气溶胶有关。1963—1964 年，印度尼西亚巴厘岛的阿贡火山在 15 个月里多次喷发，造成了明显的入射太阳辐射减弱。1982 年，位于墨西哥南部恰帕斯州的埃尔奇琼火山喷

发了超过 2 立方千米的火山灰，1991 年皮纳图博火山爆发，均造成了显著的入射太阳辐射减弱。值得注意的是，图 4–5 中 1980 年的圣海伦斯火山喷发造成的影响并不明显。尽管埃尔奇琼火山喷发造成的入射太阳辐射减弱更严重，但皮纳图博火山喷发造成的入射太阳辐射减弱持续时间更长，大约维持了两年，18 个月后才有所缓解（见图 4–5 中的小图），这种入射太阳辐射减少致使全球温度最多降低了约 0.5℃，导致 1991—1993 年间出现明显的降温。

拉基火山，冰岛

冰岛的火山活动同时与大西洋中部的离散板块边界和地幔柱有关。冰岛本身就是火山活动的产物，不过这里的火山岩浆由镁铁质成分构成，火山喷发形式为溢流式（熔岩流动）喷发。相比爆发式喷发，这种喷发方式危险较小。

拉基火山位于冰岛中南部，是冰岛历史上喷发规模最大的火山。它从 1783 年 6 月开始喷发，一直持续到了 1784 年 2 月。[5] 在 8 个月的时间里，拉基火山总共喷发了 14 立方千米的熔岩，其流量大约是基拉韦厄火山从 1983 年到 2018 年间喷发量的 175 倍。拉基火山的喷发形式主要为溢流式喷发，但其间也频繁地发生爆发式喷发，尤其是在最初几个月。拉基火山所释放的二氧化硫的量比 1991 年皮纳图博火山喷发多了大概 6 倍，部分原因是喷发量较大，但主要原因还是镁铁质岩浆的硫含量高于长英质岩浆。大部分的硫（约 80%）来源于爆发式喷发。

拉基火山喷发对冰岛造成了灾难性的影响。硫酸盐气溶胶带来了强烈的降温效应，更严重的是，大量氢氟酸随着其他气体一起被释放到大气中，并扩散到了冰岛各地。约 60% 的家畜因摄入氢氟酸致死。大约 9000 名冰岛人死于由此及其他一些原因引发的饥荒，占总人口的 20%。

拉基火山喷发对冰岛以外的北半球大部分地区亦有显著的气候影响。如图 4-6 所示，在亚洲和北美洲，有些地区降温达到了 1℃ 以上，且持续时间长达 2 年，也有一些地区降温幅度至少为 0.5℃，并持续近 4 年时间。据报道，密西西比河位于新奥尔良的河段均发生了结冰。降温改变了季风环流，并造成了非洲和亚洲许多地区的干旱和饥荒。欧洲的饥荒则有可能是 1789 年法国大革命[6]爆发的因素之一。

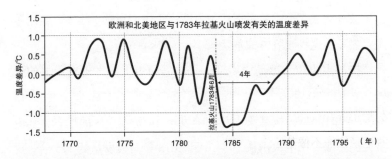

图 4-6　1768—1798 年欧洲和北美地区的年平均温度相比正常值的偏离状况[7]

萨马拉斯火山，印度尼西亚

印度尼西亚的萨马拉斯火山与板块的俯冲作用有关。因此，火山的岩浆通常是长英质的，而且一般是爆发式喷发。可以确定的是，萨马拉斯火山在1257年的喷发就有这种特点，这次喷发活动是公元纪年以来喷发火山气体最多的一次。[8] 据估计，这次火山活动大约喷发和释放了10立方千米的岩浆和1.6亿吨的二氧化硫（相比之下，拉基火山释放了约1.2亿吨，皮纳图博火山释放了0.2亿吨）。影响短期气候的一个关键因素是火山持续释放气体的时间。萨马拉斯火山可能只释放了大约一天的时间，而拉基火山则持续释放了几个月。

正如我们从里彻鲁斯的描述中了解到的，北半球在1258年以及之后的几年里出现了强烈的降温，但我们没有太多当时世界其他地区的信息，也没有足够多的全球温度数据，因此无法评估萨马拉斯火山喷发对全球气候的影响。

多巴火山，印度尼西亚

尽管在过去的几万年中发生过多次大型火山喷发，但有关1257年之前的历史记录是非常缺乏或极其稀少的。对于大多数较久远的火山喷发，我们必须依靠地质、考古和古生物记录，而这些记录往往不像基于直接观察的书面记录那么明确直观。

多巴火山是一座死火山，位于印度尼西亚的苏门答腊岛，与2004年12月发生的那次毁灭性地震和海啸[①]处于同一俯冲带上。有地质证据明确表明，大约7.4万年前，多巴火山发生了一次大规模喷发。这些证据包括一个巨大的火山口（图4-7）以及遍布南

---

① 2004年12月26日，印度尼西亚苏门答腊岛以北的印度洋海底发生地震，震级达9级以上，引发15~30米海啸，大地震和海啸造成超过22.7万人死亡，这是全球近200多年来死伤最惨重的海啸灾难。——译者注

亚大部分地区的火山灰层，这些火山灰层面积广阔，而且非常厚。多巴火山喷出了巨量的物质，达 3000 立方千米左右（约为萨马拉斯火山喷发量的 300 倍）；释放了约 60 亿吨的二氧化硫（约为萨马拉斯火山释放量的 50 倍）。[9]

图 4-7　印度尼西亚苏门答腊岛的多巴湖位于一个长约 90 千米、宽约 40 千米的火山口内

注：来源于美国国家航空航天局（NASA），公共版权图片。

毫无疑问，多巴火山爆发对气候产生了重大影响，但是想要确定这种影响具体有多大却没那么容易。有项研究分析了格陵兰岛和南极洲不同地点的冰芯，发现硫酸盐气溶胶浓度普遍升高，至少维持了 10 年，而且基于同位素证据，也表明多巴火山的喷发曾造成温度下降。[10] 基于多巴火山喷发所排放的二氧化硫的量，对其气候效应进行气候模拟分析，结果如图 4-8 所示。据估计，火山喷发后不久，全球降温超过 10℃。喷发后 4 年内，全球温度比正常值低 4℃；约 10 年内，比正常值低 2℃。全球温度比正常值低 1℃ 的情况持续了大概 30 年。但是在该模拟和前面提到的冰芯记录中，并没有证据表明多巴火山喷发将地球带入了冰期。

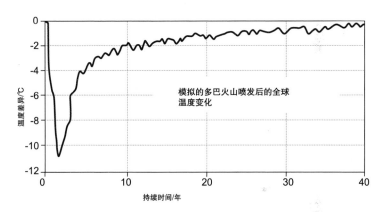

图 4-8　模拟的 7.4 万年前多巴火山爆发对全球气温的影响

注：引自罗伯克（Robock）等人：《7.4 万年前多巴火山爆发是否引起广泛的冰川作用？》，《地球物理学研究》，2009，第 114 卷第 10 期：10107。

有一个与多巴火山喷发相关的理论，该理论认为多巴火山的喷发对早期的人类种群构成了巨大威胁，致使智人濒临灭绝。尽管这个理论很有趣，但目前并没有证据表明当时的降温导致了人口大幅度下降。

黄石火山，美国怀俄明州

长期以来，美国黄石公园地区的火山活动一直被认为是地幔柱的产物。该地幔柱曾位于俄勒冈州南部，后来移动到了爱达荷州南部，现在位于怀俄明州西北部。有假设认为并不是因为地幔柱发生了移动，而是地幔柱之上的北美板块在缓慢地向西南方向漂移。关于这一假设，目前还存在一些疑问，我们在这里暂不讨论。即使黄石公园的火山活动来源于地幔柱，这一过程与夏威夷、冰岛或加拉帕戈斯等地的地幔柱火山喷发也有所不同。原因在于夏威夷等地火山喷发的一直是镁铁质岩浆，而黄石公园火山喷发的岩浆通常是长英质的，而且大多为爆发式喷发。几乎可以确定的是，黄石公园火山的岩浆在一开始是镁铁质的，因为发生了一些显著的分化才变成了长英质岩浆。原因可能是地壳中有一部分岩石发生了熔化，从而向岩浆中添加了更多的二氧化硅。

黄石火山最近一次大爆发发生在63.9万年前。这次爆发非常剧烈，喷发了大约1000立方千米的火山灰。火山灰覆盖了北美洲的大部分地区，东至密西西比州，西至太平洋，北至加拿大南部，南至墨西哥北部。

最近，一项关于加利福尼亚南部近海圣巴巴拉盆地海洋沉积物的研究揭示了自从63.9万年前那次喷发以来，沉积物中还有两层黄石火山的火山灰，表明有两次单独的火山喷发活动。[11] 在火山灰沉积层里，发现了海洋浮游生物的外壳，这些外壳可用来估计水温。结果表明，两次喷发都导致该地区海表水温下降约3℃，每次都持续了几十年。考虑到这种情况下陆地区域降温幅度通常是海水的好几倍，可以推断这次降温幅度非常大。

德干地盾[①]，印度

德干地盾玄武岩熔岩流覆盖了印度中西部超过 50 万平方千米（几乎与得克萨斯州一样大）的区域，其厚度可达 2 千米。其熔岩沉积保留至今（即在过去 6600 万年间没有侵蚀完），约为 100 万立方千米，但最初的熔岩量至少是这一数值的两倍。大部分的熔岩喷发发生在距今 6600 万年前的约 3.5 万年里。与其他火山喷发相比，德干地盾在这一时期的喷发速率约为喷发了 8 个月的拉基火山的 14 倍，或是基拉韦厄火山（喷发了近 35 年）喷发速率的 2500 倍。德干是世界上几个被称为大火成岩省（LIP）[②]的超级火山沉积区域之一。另外一个大火成岩省的例子是哥伦比亚溢流玄武岩，它覆盖了华盛顿、俄勒冈和爱达荷州约 16 万平方千米的区域，在距今 1700 万年到 1550 万年间，积累了高达 3500 米的熔岩。所有的大火成岩省均被认为与地幔柱有关，虽然拉基火山与基拉韦厄火山也是地幔柱的产物，但与它们相比，大火成岩省可谓加强版的地幔柱火山。

在德干火山活跃期，它的喷发活动会使大气因硫酸盐气溶胶浓度增加而发生强烈降温。但是它在数千年里排放的大量二氧化碳（估计为 70 万亿吨[12]）又会严重影响大气中二氧化碳的浓度，从而导致升温，且持续的时间比降温的时间更长。有研究对升温

---

① 地盾是地球上大陆最古老的部分，一般经历大面积长期隆起，遭受剥蚀，其轮廓呈盾状。著名的地盾有波罗的海地盾、加拿大地盾、德干地盾、西伯利亚地盾、我国胶辽地盾、淮阳地盾等。——译者注

② 大火成岩省（LIP）是连续的、体积庞大的火成岩所构成的地质区域，其分布面积往往大于 10 万平方千米，是地球上最大的火山作用的结果。著名的 LIP 有德干大火成岩省、西伯利亚大火成岩省、峨眉山大火成岩省等。——译者注

程度进行了模拟（图 4-9）。据该研究的作者们估计，地球温度在几万年间升高了 4℃ 左右，在此后 40 万年的时间里，升温幅度至少为 2℃。但在 120 万年后，玄武岩风化会大量消耗大气中的二氧化碳（见第三章），从而导致降温，因此与喷发前相比，地球温度降低了 0.5℃ 左右。

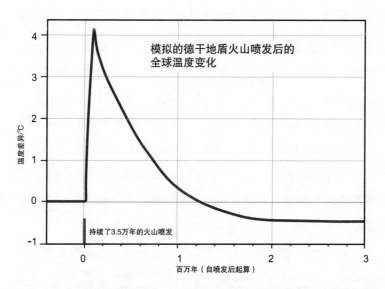

图 4-9　6600 万年前德干地盾火山喷发造成全球温度变化的模拟情况

注：数据引自德塞尔（Dessert）等人，2001。研究人员没有考虑德干火山喷发所释放的 SO_2 的冷却效应，但实际上，德干火山每次主要的岩浆脉冲喷发都有可能造成了显著的降温，不过，这些降温持续时间较短（几十年到几个世纪）。

在 6600 万年前的白垩纪末期，包括恐龙在内的近 75% 的物种灭绝。几十年来，人们普遍认为德干火山喷发是这次大规模灭绝的主要原因。但在 20 世纪 80 年代初，随着著名的撞击理论被用来解释白垩纪末期的大灭绝（详见第八章），人们的观点也发生了变化。现在大多数地球科学家达成一致，认为小行星撞击地球可能是造成此次大灭绝的主要原因。但故事讲到这里并未结束，一个有趣的转折是，证据表明，德干火山活动速率大幅增加（以图4-9中持续约3.5万年的事件为代表）与远在地球另一侧的希克苏鲁伯撞击事件（墨西哥尤卡坦半岛）密切相关，甚至可能是由这次撞击事件所引发。[13] 换句话说，希克苏鲁伯撞击事件与德干火山活动均有可能在白垩纪末期的大灭绝中发挥了一定的作用。

西伯利亚地盾，俄罗斯

德干火山喷发规模很大，但发生在2.52亿年前的西伯利亚火山喷发的规模大约是其4倍。据估计，这次西伯利亚火山喷发的岩浆体积达到了400万立方千米，熔岩流覆盖的面积大约相当于澳大利亚。大约2/3的岩浆在二叠纪末期（2.519亿年前）[14] 前的近30万年内喷发，这与有史以来最大规模的物种灭绝相符合。在二叠纪末期，超过95%的海洋物种和70%的陆栖物种从化石记录中消失，地球上的生命演化进程从此发生了改变。换句话说，后面的进化过程——包括哺乳动物的起源和进化——受到了这一事件的重大影响。

同位素证据表明，至少在三叠纪的前1000万年中全球温度升高了大约10℃。图4-10提供了一个概念模型说明气候可能的演化过程，时间是从西伯利亚地盾喷发开始（图中的时刻0）到三叠纪的第100万年。假定火山活动是典型的偶发式爆发，硫酸盐气溶胶脉冲会导致短暂的降温，而大气中二氧化碳的逐渐积累则会导致越来越强烈的升温。

　　该项目的研究人员没有把风化的潜在影响考虑进他们的模型之中，但很可能就是风化作用的气候效应，导致温度最终降至火山喷发前温度水平以下。

　　尽管西伯利亚火山活动所释放的大量火山气体是造成二叠纪末期气候危机和物种灭绝的主要原因，但也可能存在一些强烈的正反馈增强了变暖并延长了变暖时间。这些正反馈可能包括海底的水合甲烷沉积物释放了大量的甲烷气体。

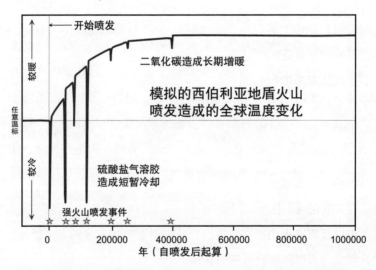

图 4-10　西伯利亚地盾喷发开始后 100 万年间全球温度变化的概念模型

注：五角星代表可能发生过的强火山喷发事件。数据引自 B. 布莱克（B. Black）等人：《西伯利亚地盾释放碳和硫酸盐引起的气候系统性波动》，《自然地球科学》，2018 年，11 卷，949—954。

火山作用与人为强迫

从前文的描述来看，很明显火山喷发对地球上的气候和生命均有巨大影响。以 1257 年萨马拉斯火山喷发为例，大型火山喷发所释放的硫通常会导致降温，有时降温能持续数月或数年，在多巴火山喷发的例子中降温甚至持续了几十年。但这种规模的火山喷发的二氧化碳与大气本身的二氧化碳总量相比，并不足以产生明显的气候影响。

然而，规模很大且持续时间长的火山喷发则可以导致显著的长期增暖，如德干和西伯利亚地盾事件。对于生命来说这种长期增暖带来的影响是灾难性的。

有人反对采取行动以应对气候变化，常见的论点是，我们所经历的气候变化可以归因于火山活动，而不是人为（人类导致的）温室气体排放。这一论点是错误的，原因如下：

● 通常来说，火山喷发确实会排放二氧化碳，但是相比燃烧化石燃料，其排放量是非常小的。2019 年，人为二氧化碳排放总量接近 370 亿吨。据美国地质调查局估计，在一个典型年份里，陆地火山以及海底火山所喷发的二氧化碳量全部加起来约有 2 亿吨，约为燃烧化石燃料排放总量的 0.5%。

● 历史上，即使是最大的火山喷发，也只是导致降温而不是增温。只有德干火山这样的大规模喷发才导致了气候变暖，而且自 1700 万年前哥伦比亚溢流玄武岩喷发以来，还没有发生过如此大规模的喷发活动。

● 有一种观点认为近几十年来火山降温现象有所减少，并且可能将火山活动的减少作为论证的依据。但实际上并没有证据表明火山活动是在减少。在过去的 5 个世纪里，火山活动是增加的（图 4–11），但这也有可能是人们监测和报告造成的假象（历史上大量偏远地区的火山爆发不仅没有被观测到也没有被记录）[15]。

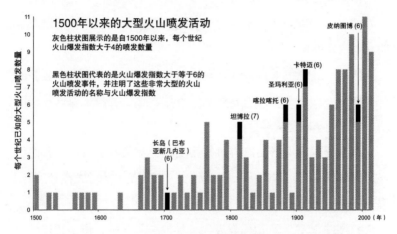

图 4–11　过去的 520 年里，已知的大型火山喷发概要

注：基于布拉德利（R. Bradley）和琼斯（P. Jones）（1992）的研究以及维基百科（1992—2020 年）。火山爆发指数（VEI）是基于一次喷发活动的爆发性和喷出岩浆或火山灰的体积。VEI 为 4 的火山喷发大概能喷出大于 0.1 立方千米的物质。VEI 为 6，则意味着喷出物质的体积在 10 立方千米以上（网址：volcanoes.usgs.gov/vsc/glossary/vei.html）。在每个世纪，一次大规模喷发（VEI 大于等于 6）的排放量是其余所有小型喷发量总和的许多倍。

第五章

地球的轨道变动

　　"一旦你抓到一条大鱼，就不会在意一条小鱼的得失。我致力于太阳辐射的理论研究长达 25 年，现在已经完成了，我没有什么可做的了。像我完成的那种重要的理论可不是凭空而出，现在我年龄大了，无法再开展一个新的研究了。"

——米兰科维奇，1941 年（62 岁）[1]

　　米兰科维奇在 1941 年所提到的那条"大鱼"是指他刚完成的那本《太阳日照度与冰期的经典问题》，该书主要讲述了地球绕太阳公转轨道和地球旋转轴倾斜的自然变化是如何在过去 200 万年的冰期中发挥关键作用的。米兰科维奇并不是首个发现地球轨道和倾斜随时间变化的人，公元前 130 年尼西亚的希帕克斯[①] 和 1609 年约翰尼斯·开普勒就发现了这一现象。米兰科维奇也不是第一个推测这些变化可能会影响气候的人，1875 年苏格兰科学家詹姆斯·克罗尔就描述了这种可能。但是米兰科维奇第一个计算了不同纬度太阳日照度的影响，并准确地确定了轨道参数变化的周期性，这种周期性很有可能导致了冰川增长和冰川收缩的周期变化。

---

　　① 尼西亚是一座古希腊城市，现为土耳其布尔萨省的伊兹尼克市。希帕克斯（公元前 190 年至公元前 125 年），是古希腊最伟大的天文学家，被誉为"天文学之父"，为天文学创立了球面三角的数学工具，推动古希腊天文学由定性的几何模型走向定量的数学描述。——译者注

地球轨道和倾斜的变化

要理解地球轨道和倾斜变化有一定难度，更不用说领会它们对气候的影响，但是了解这些变化对我们理解过去和未来的气候变化至关重要。后面章节还会就此进行深入讨论，本章我们先初步分析一下。

第一个重要的变化是地球绕太阳公转的轨道形状，以及太阳在这个轨道中的位置。地球的公转轨道不是一个圆，而是一个椭圆（图 5-1）。[2] 更重要的是，太阳并不是处于椭圆中心。这意味着地球与太阳的位置时刻变化，并且在某些时刻地球会更接近太阳。

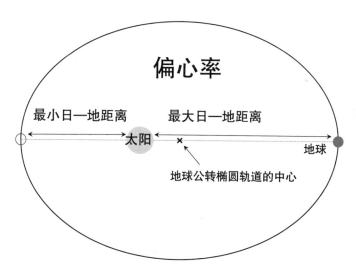

图 5-1　地球公转轨道示意图

注：图中，× 为椭圆的中心，太阳位置偏离中心。

地球的轨道不仅是椭圆的，而且这种椭圆的形状也会随着时间而变化。这个周期一般为10万年，随着时间缓慢变化，由略微椭圆到更加椭圆。如图5-2所示，当公转轨道更加椭圆时，太阳在轨道内的偏心率也较大，因此日—地距离的最小值和最大值之间的差距也较大。这种偏心率的变化能够对气候产生影响，影响的时间尺度为10万年。在周期变化中，太阳对地球气候的影响可能会增加，也可能会减少。

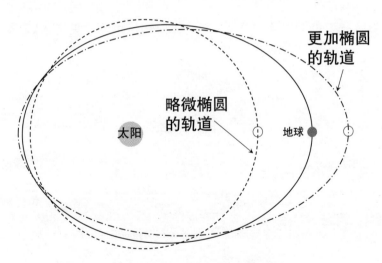

图5-2　地球公转轨道的周期变化

地球公转的第二个重要特征是旋转轴倾斜的角度（也称为地轴倾角或黄赤交角），即地球旋转轴相对于地球绕太阳的公转轨道面的角度（图5-3）。目前，地轴偏离轨道面垂线的角度为23.5°，这一角度在 22.1° 到 24.5° 之间变化，周期约为 4.1 万年。

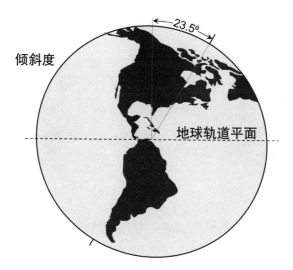

图 5-3　地轴的倾斜度示意图

　　由于地轴的倾斜，地球出现四季变化（图 5-4）。在地球公转过程中，北半球正对太阳则代表北半球处于夏季；同样，南半球正对太阳则代表南半球处于夏季。如果这种倾斜度更大，季节特征会更加明显（冬天更冷，夏天更热）。而在倾斜度较小时，季节特征就不明显（冬天更暖，夏天更凉）。

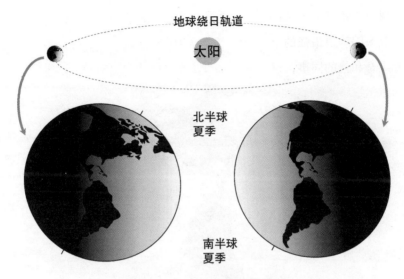

图 5-4　地球倾斜对季节的影响

注：其中，左图为北半球夏季，右图为南半球夏季。

第三个需要考虑的方面是地球旋转轴指向位置的变化（也称为进动，或者岁差）。地球自转时，自转轴指向同一个方向（就像陀螺仪旋转时稳定一样）。但事实上，这个方向的变化非常缓慢（也可以称为地轴的摆动），预计在 1.3 万年后会指向相反的方向。

如果这些令你理解起来比较困难，感觉头都要旋转起来，并且变着角度转，请不要着急，接下来我们将会深入理解它们。

米兰科维奇周期与气候

上述周期性变化都会对地球气候（也包括冰川）产生影响。

每一年地球从太阳接收到的能量总量没有变化，但地球上每年接收太阳辐射最强的地方和一年中最强的时间却是变化的。米兰科维奇和他的同事，包括阿尔弗雷德·魏格纳和他的岳父弗拉迪米尔·柯本（Wladimir Koppen），均发现冰川在温带地区发展得最好——实际上是在北纬 65° 或南纬 65°[3] 左右——而且它们只能在陆地上形成。如图 5-5 所示，北纬 65° 线穿过阿拉斯加、加拿大北部、格陵兰岛、冰岛、斯堪的纳维亚半岛和俄罗斯等，几乎都是陆地。而南纬 65° 线完全在南大洋，几乎没有陆地，所以冰川形成的可能性很小。

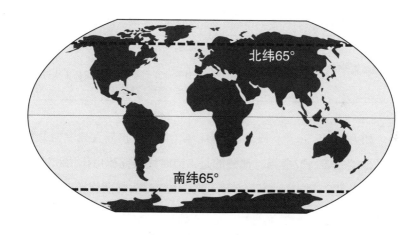

图 5-5 北纬 65° 的陆地和南纬 65° 的海洋

基于以上信息，米兰科维奇认为北纬 65° 线的日照度变化是最重要的，因此他计算该纬度的日照度变化。同时他还将关注点放在夏天的日照度上，他意识到对于冰川的形成，凉夏比冷冬更重要。这可能是违反常识的，因为凉夏时期融雪较少，而冷冬比暖冬更加干燥，导致降雪减少。

表 5-1 总结了三个轨道参数，包括偏心率、地轴倾斜度和地轴倾斜方向，对气候和冰川的影响。

表 5-1　米兰科维奇周期对地球气候和冰川的影响

变量	具体影响
偏心率（10 万年周期）	偏心率控制地球与太阳之间距离的变化,结合倾斜方向,它决定了北半球夏季时的日—地距离。高偏心率会使地球更有可能从非冰川状态变为冰川状态,反之亦然
地轴倾斜度（4.1 万年周期）	较大倾斜角度会加大季节差异。较小倾斜角度会导致夏季更凉,冬季更暖,这有利于冰川的形成
地轴倾斜方向（2.6 万年周期）	倾斜方向是关键,因为当地球离太阳最远时,倾斜方向决定了哪个半球(北或南)指向太阳。在北半球的夏季,当日—地距离最大时,最有利于冰川形成,从而导致凉夏,融雪/冰较少

如上所述，米兰科维奇在 1941 年（第二次世界大战中期）发表了他的主要研究成果。遗憾的是，同时代研究冰川作用和冰川周期的人很少认同这一点，在接下来的 35 年里，他所说的“大鱼”只是一个失败。

与阿尔弗雷德·魏格纳类似，米兰科维奇提出了远远超前于时代的理论，却没有足够的证据证明它是合理的。第一个问题是，尽管人们普遍认为冰川在过去的百万年中出现过几次，但这些事件发生的时间并不为人所知。因此，虽然米兰科维奇能够利用他的理论来估计过去冰期的时间，但想要验证并不容易。另一个问题就是，他计算出的太阳强迫差异不足以驱动冰期旋回。事实证明，对他的理论持怀疑态度的人没有认识到气候正反馈的重要性，这些正反馈过程放大了日照度差异的弱强迫。正如许多伟人一样，直到米兰科维奇于 1958 年去世时，仍未能使他真正重要的理论——他的"大鱼"，得到科学界其他人的认可。

图 5-6 显示了过去 25 万年来北纬 65° 地区 7 月接收的太阳能量的变化，同时显示了最后两个冰期和最后三个间冰期（包括我们现在所处的）的时间。米兰科维奇和他同时代的人不知道冰期的时间，但我们知道，并且可以清楚地看到间冰期（温暖期）与北

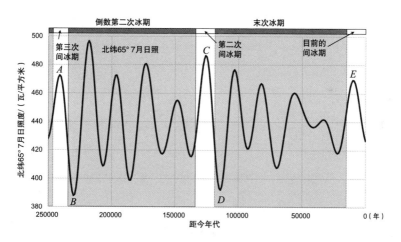

图 5-6 25 万年来北纬 65° 地区 7 月的日照度水平

注：其中，数据源于以下研究：A. 伯杰（A. Berger）和 M-F. 卢特（M-F. Loutre），《近 1000 万年日照度水平》，《第四科学评论》，10 卷 4 章，297—317，1991 年（补充材料：1 kyr 分辨率下过去 500 万年地球轨道参数）。

纬 65° 的夏季日照度峰值有关（图 5–6 中的峰值 A、C 和 E）。同样，最后两个冰期由北纬 65° 的夏季日照度极小期（图 5–6 中的谷值 B 和 D）驱动。但是，除了这些对应关系之外，日照度也是非常多变的，很难看出这种变化与两个漫长的冰期有什么对应关系。

在第二次世界大战结束后的几十年里，海洋科学家和地质学家开始钻取海底的软沉积物。这些岩芯提供了关于过去海洋生物和沉积条件的丰富信息。最终，科学家们开始使用同位素方法来了解过去海洋生物的生活条件，包括海水的温度。1976 年发表的一篇重要论文[4]清楚地表明这些温度变化与天文周期之间的关系。其作者写道："我们得出的结论是，地球轨道几何形状的变化是第四纪冰期演替的根本原因。"这是米兰科维奇理论的转折点，此后，成千上万篇关于气候变化的研究论文证实了米兰科维奇周期的重要性，包括在第四纪冰期和之前数百万年间的其他气候周期（如季风）。

需要搞清楚一个问题，米兰科维奇周期并不是形成第四纪冰期的原因。正如第三章所述，这是过去 5000 万年里全球气温长期缓慢下降的结果。长时间的降温使地球达到了可能发生冰川作用的程度。从那时起，米兰科维奇周期就引领了冰期旋回。

基于冰芯记录的米兰科维奇周期

20 世纪 70 年代，由几个国家的冰川学家组成的联盟开始在格陵兰岛和南极洲厚厚的冰盖上进行钻孔研究。在接下来的几十年里，他们从数千米深的冰孔中取出冰芯，提取了之前数十万年的冰层的样本。利用这些冰芯，可以对当时的温度进行同位素估算，这些冰芯还提供了在冰形成时大气的实际样本（被冻结在冰中的气泡）。而且，与深海沉积物的岩芯不同，冰芯有明确的年层，可以进行精准的时间定年（图 5-7）。[5]

1836 米　　　　　　　　　　　　　　　　　　　　　　　1837 米

图 5-7　1836~1837 米的冰芯记录
注：来自美国国家航空航天局，公共版权图片。

图 5-8 显示了南极冰芯的温度数据以及北纬 65° 地区 7 月的日照度水平。这些结果是根据构成冰的水分子中氢同位素的比例测量得出的温度估计值，它们代表了过去 25 万年间钻井现场的年平均地表温度。气温记录与 7 月日照度水平之间的相关性是相当明显的。第三次间冰期（从距今 24.5 万到 23.5 万年前）对应着一个高日照时期；随后的极低日照开启了倒数第二次冰期；随后是一个非常高的日照期（大约 22 万年前），它导致显著变暖，但不足以打破冰期旋回。在接下来的 9 万年里，冰期加剧。

另一个非常高的日照期在大约 12 万年前达到顶峰，打破冰期导致第二次间冰期，时间大约是 12.7 万年到 11.6 万年前之间。随后是一个相似的周期，气候越来越冷，冰川作用也越来越强烈。直到大约 2 万年前，冰期再次被一段强烈的入射日照中断。

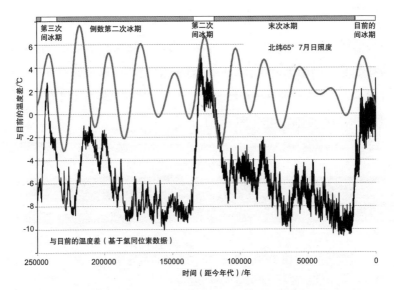

图 5-8　过去 25 万年日照度水平和南极的温度差异

注：日照度单位可见图 5-6。

数据来源：欧洲南极洲冰芯项目（EPICA）钻孔的温度数据，该站点目前的平均温度约为 –50℃，冰芯年限长达 80 万年，是目前时间最长的冰芯记录。目前新的项目"beyond EPICA"项目正在进行，计划获取超过 100 万年历史的新的冰芯。数据引自：《南极洲冰芯的重氢（氧）记录》，世界古气候学数据中心，数据序列号 2004-038，美国国家海洋和大气管理局 / 美国国家地球物理数据中心古气候研究项目，博尔德，2004 年。

图 5-9 显示了来自同一冰芯中气泡的甲烷水平。与温度变化相比，甲烷变化与日照度水平的关系更为密切。然而，甲烷的变化并没有调控这一时期的气候，其变化是对气候变化的响应。在冷却时期，甲烷被储存在土壤和多年冻土中，而在变暖和融化时期，甲烷被释放出来（就像现在由于人为活动气候变化而释放出来）。在整个 25 万年间，几乎所有的日照度峰值都与大气甲烷记

录中的峰值相对应。

　　甲烷并不是放大米兰科维奇强迫的唯一正反馈过程。二氧化碳水平和日照度之间也有密切的对应关系。这种反馈的主要驱动力是二氧化碳在海水中的溶解度，随着气候变暖，溶解度降低，更多的二氧化碳从海水释放到大气中。另一个强反馈是降温期间冰和雪的积累，这增加了地球的反照率，导致更多的太阳辐射被反射出去。

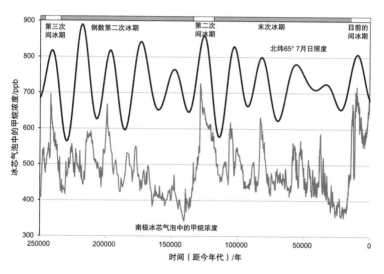

图 5-9　过去 25 万年日照度和甲烷浓度水平（基于南极冰芯）的变化情况

　　数据来源参见图 5-8。

未来的米兰科维奇周期

由于对地球的轨道周期有了很好的了解（得益于米兰科维奇），我们可以计算出任何纬度在遥远的过去或未来的日照度水平。图 5-10 显示了过去 15 万年和未来 15 万年北纬 65° 地区 7 月的日照度水平。在地球轨道上，我们正进入一个长时间的低椭圆度时期（椭圆度在图 5-10 中没有单独显示），这就是为什么未来5 万年的日照度水平不会有很大变化。许多气候科学家利用这些信息来论证地球在未来很长一段时间内将处于间冰期气候[6]，即使在5 万年之后或者未来 10 万年，也不会有像过去 100 万年那些多次将地球带入或带出冰期的极低或极高的日照度事件。

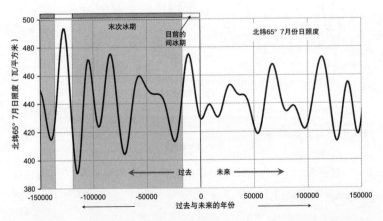

图 5-10　过去 15 万年和未来 15 万年北纬 65° 地区 7 月日照度水平

注：数据引自 J. 拉斯卡尔（Laskar, J.）等人：《地球日照量的长期数值解析》，《天文学与天体物理学》，428 卷，261—285，2004，http://vo.imcce.fr/insola/earth/online/earth/earth.html。

　　一些气候变化怀疑论者认为，人为活动导致的气候变暖是一件好事，因为它将防止我们陷入下一个冰期，但这根本是站不住脚的。米兰科维奇理论告诉我们，下一次冰期可能在至少 5 万年后，也可能在 10 万年后。事实上，我们无法预测将发生什么自然过程来帮助我们摆脱气候危机。正如我们将在第七章中看到的，太阳黑子周期不会起作用，而且即使在未来几十年发生一次大的火山爆发，变冷也将是短暂的。

　　当然，这些气候变化怀疑论者也会认为米兰科维奇周期是当前气候变暖的主要原因。但这并不正确，因为如图 5-6、图 5-8 和图 5-10 所示，目前我们正处于北纬 65° 的夏季日照减少时期，这只能导致降温，而不是变暖。

第六章

洋流输送的热量

"洋流如此湍急，即使刮着大风，它们也不能顺风前进；看起来前进得很顺利，实际上却在后退，最后大家才知道，洋流比风的力量更大。"

——卡斯提尔探险者的观测结果
胡安·庞塞·德莱昂在佛罗里达东海岸，1513 年[1]

胡安·庞塞·德莱昂是第一个发现墨西哥湾暖流的人，但是他那时候不太可能意识到这个观察结果的重要性，也很难意识到墨西哥湾暖流或任何其他洋流对地球气候的重要性。

洋流

事实上，洋流对整个地球的气候有着巨大的影响。图 6-1 显示了全球海洋的主要表层洋流。由于科里奥利效应，洋流在北半球趋向于顺时针方向，而在南半球趋向于逆时针方向。流向赤道的水流通常会将冷水带入较温暖的地区（实线箭头），而流向两极的水流则会将暖水带入较寒冷的地区（虚线箭头）。大多数情况下，东西流向的洋流在重新分配热量时起着中性的作用。

洋流对冷暖水的重新分配，对维持地球各地温和的气候至关重要。如果没有这些洋流，热带地区就会更热，极地地区则会更冷。

洋流流动规模庞大。例如，墨西哥湾暖流流经纽芬兰岛的地方，其流量估计为每秒 1.5 亿立方米。[2] 而地球上所有河流入海的总流量约为每秒 130 万立方米，不到这股洋流流量的 1%。[3]

图 6-1 所示的海水流动是表面洋流，它们一般发生在海洋的上层 400 米内，事实上，大部分的洋流都在上层 100 米以内。但也有深海洋流，它们在地球的热量再分配中也发挥着同样重要的作用。图 6-2 展示了一些更深的洋流，这就是所谓的"温盐环流"（THC）系统。[①]"温盐"一词意味着这些洋流部分受到水的温度和盐度的共同驱动。这些因素决定了洋流中水的密度，这对温盐环流至关重要。

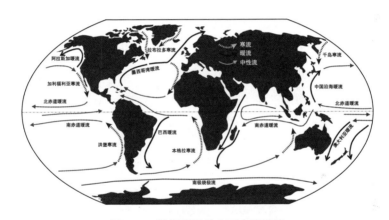

图 6-1 世界海洋的主要表层洋流

注：寒流是将冷水带到相对温暖的地区，而暖流则是将暖水带到相对寒冷的地区。图片来自维基百科（Corrientes-ocean-icas.png），公共版权图片。

海水盐度越高，密度越大。20℃的纯水密度为 998 克/升（g/L）。在 20℃时，通常海水（盐度为 3.5%）的密度为 1025 克/升。海水的盐度范围为约 3.3%（雨水较多或有大量河流淡水输入的地

[①] THC 也被翻译为"热盐环流"，目前在国内各教材和研究中都有使用，二者并无区别，在本书语境下译者推荐"温盐环流"。

区）到约 3.8%（蒸发较强及淡水输入相对较少的地区）。海水温度
范围从热带地区的 30℃左右到极地地区略低于 0℃。[4] 而 1000 克
冷水比 1000 克温水所占的体积小，因此温度越低，密度越大。

　　流经佛罗里达的墨西哥湾暖流的盐度约为 3.6%，通常温度约
为 28℃。当这些水越过冰岛向北流动时，盐度只下降了一点点，
降至 3.5% 左右（主要由于雨水和河流的输入），而温度却下降了
很多，降至 2℃左右。这种冷盐水的密度约为 1028 克 / 升，是公
海中密度最大的水，比同样温度但盐度低得多的海底水密度大得
多。由于密度大，该地区的表层海水会下沉，成为深海环流系统
的一部分。当它向南穿过大西洋，向东经过非洲时，一直处于深
处，然后在印度洋（马达加斯加以东）或太平洋北部（夏威夷以
北）重新回到海水表层（图 6-2）。这种温盐环流在调节地球气候
方面尤其重要，它对控制表面洋流发挥着重要作用。

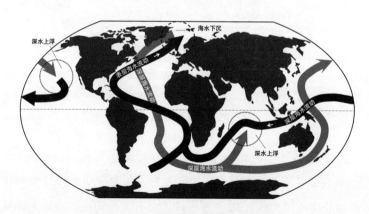

图 6-2　全球海洋中主要的温盐环流

　　注：较冷的含盐表层水在北大西洋下沉，而在印度洋和北太平洋的深层水则返
回到表面。图片基于各种来源的温盐环流图。

冰川时期的洋流变化

从格陵兰岛和南极洲采集的冰芯记录显示，在过去的几十万年里，特别是在第四纪冰川作用更强烈的时期，有一些显著的温度变化，这些变化很大程度上与洋流的变化有关。图6-3 显示了过去10 万年冰层表面的温度记录，这是由格陵兰岛中部 GISP 2 站点钻孔的冰芯记录确定的。这一时期几乎涵盖了最后一次冰期的所有时段，也包括了过去1 万年中回到间冰期状态的时段。

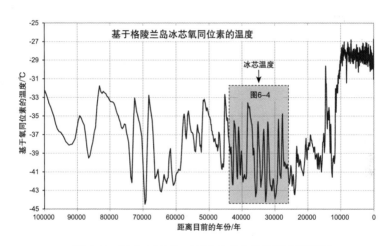

图6-3 过去 10 万年 GISP 2 站点的氧同位素温度

注：数据来源于 ncdc.noaa.gov/data-access/paleoclimatology -data/datasets/ice-core，引自 R. 阿利（Alley, R.）:《从格陵兰岛中部看新仙女木事件的寒冷期》，《第四纪科学评论》，第 19 卷，213—226，2000。阴影区域的数据如图6-4 所示。

在最后一次冰期里，存在振幅为 6~10 ℃的温度振荡，时间尺度为 1000~2000 年，这些振荡被称为丹斯加德—奥施格

（Dansgaard–Oeschger）周期，以纪念发现这一现象的丹麦科学家威利·丹斯加德（Willi Dansgaard）和瑞士科学家汉斯·奥施格（Hans Oeschger）。

值得注意的是，这些记录代表了目前海拔 3200 米的格陵兰冰原表面的温度。目前该地区年平均气温接近 -25℃，冬夏季之间月平均气温差约为 30℃，作为比较，全球冬夏季之间的平均温度变化幅度约为 11℃。[5]

图 6-4 展示了更详细的末次冰期后期温度记录的变化。虽然这一时期的高峰出现时间并不完全遵循规律，但有周期性，高峰之间的平均间隔约为 1500 年。

目前对丹斯加德—奥施格旋回的起源机制尚不完全清楚，但在过去的 20 年里，越来越多的海洋科学家和气候学家认为，关键因素是北大西洋盐度的变化，这种变化被称为"盐度振荡"。如前文所述，大西洋赤道部分的蒸发增加了墨西哥湾流的盐度。在遥远的北大西洋，温度低且盐分高的水下沉，成为次表层流的一部分，最终回到印度洋和太平洋的海水表面（图 6-2）。这代表着从大西洋海盆有盐水的净流出，它逐渐（经过数百年）导致大西洋海水的整体盐度下降。这一过程还与墨西哥湾流向北输送热量有关，它使北极地区温度更高（比没有墨西哥湾流的情况下），导致格陵兰岛和加拿大北部更多的冰川融化，进一步稀释了大西洋的盐度。

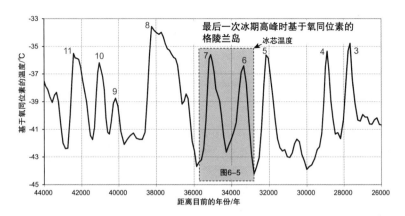

图 6-4　过去 4.4 万年到 2.6 万年前 GISP 2 站点的氧同位素温度

注：数据来源参考图 6-3。峰值编号的为丹斯加德—奥施格旋回事件，引自 Dansgaard, W. :《格陵兰深层冰芯揭示的北大西洋气候振荡》,《气候过程和气候敏感性》, 1984，288–298。以及 Dansgaard, W. 等人:《过去 25 万年冰芯记录中气候总体不稳定的证据》,《自然》, 1993，第 364 卷：218–228。

随着大西洋海水盐度的逐渐降低，北部冰川的融化进一步稀释了洋流，墨西哥湾流在大西洋最北部地区的冷却下沉趋势减弱，因此整体"温盐环流"系统的强度减弱。这意味着向北传输的热量更少，北极地区变冷，大西洋海盆的盐含量减少，冰川融化减慢，以至流入海洋的淡水减少。

图 6-5 给出的是盐度振荡过程的示意图，以丹斯加德—奥施格旋回的第 6 和第 7 次事件为例。图中灰色虚线曲线并非基于数据，而只是对大西洋盐度和温盐环流强度缓慢变化的示意。当温盐环流强时，盐度高，西欧和北极地区变暖，强温盐环流往往会缓慢降低大西洋的盐度，这是因为盐水从大西洋流出和北极融化加剧。这些过程也慢慢减弱了温盐环流，进一步导致北极变冷。

随着温盐环流的减弱和北极融化的减慢，盐度缓慢增加。尽管在这个例子中峰值之间的时间是 1750 年，但一般整个周期平均大约为 1500 年。

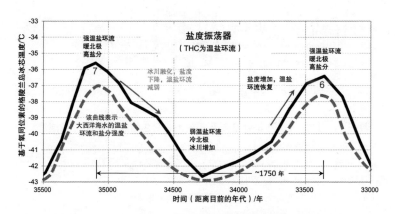

图6-5　大西洋盐度振荡示意图

注：结果显示的是格陵兰冰芯的温度和温盐环流强度的变化以及丹斯加德—奥施格旋回第 6 和第 7 次事件期间大西洋的盐度变化。数据源参考图 6-3，其中大西洋温盐环流指的是大西洋表层和深层洋流的整体强度，与广泛使用的"大西洋经向翻转环流"（AMOC）一致。

如图 6-3 所示，在过去的 1.2 万年里，没有证据能够直接表明北大西洋有任何盐度—温度振荡的变化。这并不意味着大西洋的盐度在这段时间内没有变化，只是在冰芯中没有相关温度记录而已。事实上，我们尚不清楚在温暖时期，盐度振荡过程是如何起作用的，或者是否起作用。

然而，有直接证据表明，大西洋温盐环流在温度较高的条件下确实会发生变化。正如图 6-6 所示，基于 1100 年的大西洋温度记录表明在过去 170 年里温盐环流在减弱。大西洋盐度的变化和大西洋洋流强度的直接观测证据也证实了这种减弱。[6]但目前尚不清楚这些变化是否与上述自然盐度振荡过程（或其他自然过程）有关，或与人类活动造成的气候变化有关。但毫无疑问，在过去几十年里人类活动引发的气候变化导致了格陵兰岛和北极其他地区冰川的融化加剧。

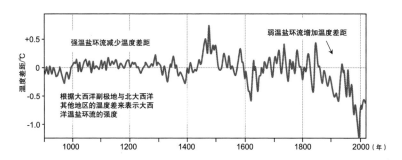

图 6-6　以北大西洋不同地区温度差异为指标的大西洋温盐环流强弱变化

注：引自 Rahmstorf, S. 等人：《20 世纪大西洋翻转流的异常减缓》，《自然 – 气候变化》，2015，第 5 卷：475–480。1900 年之前的温度基于海洋沉积物岩芯的代用数据。

大西洋温盐环流与未来气候

过去几千年来，大西洋洋流的变化引发了一些关于气候变化的有趣问题。如图 6-4 和图 6-5 所示，在最后一次冰期，温度发生了剧烈的自然变化。我们很想知道，其中一些变化的速度是否与当前人类活动造成的温度变化一样快。我们也很好奇目前观测到的温盐环流减弱是否会导致未来显著的降温，从而有助于抵消人类活动造成的气候变暖。

基于过去的温度变化速度，我们可以看到（图 6-5）从距今 35500 年到 35150 年前的 350 年间，温度总计上升了 7℃，或者说平均每个世纪升高约 2℃。但这是在格陵兰岛中部海拔 3200 米的地方，那里夏季和冬季间的温度变化幅度几乎是全球平均的 3 倍，当前该地区的增温速度也大约是全球平均的 3 倍。我们不清楚当时格陵兰岛的温度变化与全球平均温度有何关系，但很可能相当于全球平均每个世纪变暖 1℃左右。与之对比，在过去的 50 年里，全球平均温度上升了 1℃[7]（或 2℃/世纪），这大约是上一次冰期最快的自然速度的 2 倍。此外，格陵兰岛在丹斯加德—奥施格旋回周期中的变暖总是发生在温盐环流强度增加的时期。然而，温盐环流在过去的 150 年里一直在减弱，所以气候变暖不可能是由温盐环流周期变化过程引起的。

这就给我们带来了一个问题，即观测到的温盐环流的减弱是否会导致全球变冷，从而抵消人类活动造成的气候变暖。如上所述，与温盐环流振荡有关的气候变化发生在最后一次冰期中，但没有任何证据能够表明，在一个相对未被冰川覆盖的世界里，这些变化会产生类似的降温结果。此外，温盐环流已经持续减弱了 150 年，在这段时间里，地球的气候一直在变暖，而非变冷。即使温盐环流的变化导致气温下降，可能也只会产生区域性影响，集中在西欧和北大西洋地区。事实上，在丹斯加德—奥施格旋回过程中，观测到的北大西洋变冷总是与南大西洋变暖同时出现，反之亦然。[8]

厄尔尼诺—南方涛动

　　许多北美人都熟悉厄尔尼诺现象 [①]，它对每年的天气都有直接的影响。

　　如图 6-1 所示，洪堡洋流（又名秘鲁寒流）从南大洋沿南美洲西海岸向北带来较冷海水，大部分海水通过南赤道暖流继续向西穿过太平洋。赤道太平洋有一个称为沃克环流（Walker Cell）的大气环流圈，能够持续推动低层大气向西横跨太平洋：在澳大利亚和印度尼西亚周围地区上升，从高层返回东太平洋地区，然后在厄瓜多尔地区下沉（图 6-7）。这个环流圈会将太平洋表层暖水推到太平洋的西侧，使其靠近澳大利亚和东南亚，也有助于洪堡洋流的冷水继续向北移动，使太平洋深处的寒冷海水持续在南美西海岸地区上翻。沃克环流有一定的周期性，但周期并不确定，当其持续减弱时，赤道暖的海水回流到南美洲，使得洪堡洋流减弱。

　　衡量厄尔尼诺是基于"尼诺 3.4 区"的表层海水温度的变化。该区域横跨赤道，位于太平洋中部，基本处于南美洲和东南亚的中间 [9]。图 6-8 展示了过去 50 年尼诺 3.4 区指数的变化情况。其中，判定出现厄尔尼诺事件的标准阈值是尼诺 3.4 区指数连续 5 个月高于 0.5。在此图中，所有满足厄尔尼诺事件阈值的峰值都用星号做了标记，所有大于 1.0 的都用该年份数字标记，4 个阈值大于 2.0

[①]　厄尔尼诺是西班牙语"El Niño"的音译，厄尔尼诺现象又称"圣婴"现象。当厄尔尼诺现象发生时，热带中东太平洋海温异常增暖。与厄尔尼诺几乎相反的是拉尼娜现象。拉尼娜是西班牙语"La Niña"的音译。当拉尼娜现象发生时，热带中东太平洋海温异常增冷。二者空间尺度大，常造成全球范围气候异常。——译者注

的年份都用字号较大的数字标记。

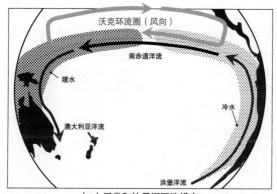

（a）正常和拉尼娜环流模态

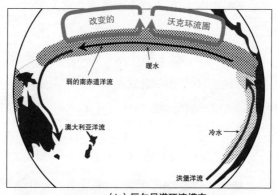

（b）厄尔尼诺环流模态

图6–7 南太平洋的风和洋流模态

注：（a）在正常和拉尼娜环流模式下，沃克环流一路向西，一方面推动东太平洋较冷的洪堡洋流跨越太平洋向北，另一方面使澳大利亚和东南亚周围的水域保持温暖。（b）在厄尔尼诺环流模式下，沃克环流中断，洋流减慢，暖水将向东穿过太平洋，直到南美洲。本图基于多种信息来源，包括图6–1中使用的信息。

一般来说，厄尔尼诺事件以2~6年的不规则周期重复发生，平均约为 3.5 年。这就意味着如果本年是厄尔尼诺年，那么两年内可能会出现另一个厄尔尼诺事件，但更大可能是 3~4 年，也可能 6 年内都不会发生。尽管我们对厄尔尼诺事件发生的机制有所了解，但我们并不完全了解其周期变化的原因。

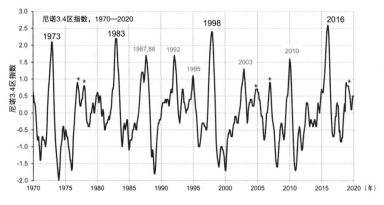

图 6-8　1970—2020 年尼诺 3.4 区指数变化

注：图中标注了重要的厄尔尼诺事件，数据来源于美国国家海洋和大气管理局气候预测中心。

为什么厄尔尼诺重要？

厄尔尼诺是很重要的，主要因为可以借其了解人为气候变化是否影响了厄尔尼诺事件的强度或频率，以及厄尔尼诺是否对气候变化有指示意义。

已经有证据表明，厄尔尼诺事件的强度正在增加。从图 6-8

可以看出，后四个主要厄尔尼诺事件（1973 年、1983 年、1998 年和 2016 年）的尼诺 3.4 区指数分别为 2.1、2.3、2.4 和 2.6，而在 1970 年之前，没有一个厄尔尼诺事件的尼诺 3.4 区指数大于 2.0。拉尼娜事件的最小指数值也有类似的趋势（它们正在变暖）。虽然这似乎是一种持续的趋势，但也有可能只是海洋温度上升的反映。尼诺 3.4 指数只是温度平均值，由于全球海平面温度在同一时期上升了类似的幅度（0.5℃），这些较高的指数值很可能只是全球变暖的结果。[10]

图 6-8 并没有明确的证据表明在过去 50 年内厄尔尼诺事件的频率发生了变化，然而最近有两项研究表明太平洋最高水温的区域和范围正在发生变化。一项研究用跨太平洋 27 个地点的珊瑚样本来确定过去 400 年的海水温度。[11] 结论是，自 20 世纪下半叶以来，中太平洋的厄尔尼诺事件有所增加，而东太平洋（邻近南美洲）的变暖事件有所减少。另一项研究基于 1900 年以来的历史数据，得到的结论与之总体相似，在过去 40 年里，厄尔尼诺的主要发生区域已经从东太平洋转移到中太平洋，最近非常强的厄尔尼诺事件（在图 6-8 中尼诺 3.4 区指数超过 2）会对整个太平洋产生影响。[12] 总的来说，这些研究人员认为，在未来几十年里厄尔尼诺事件将继续变得更加极端。

厄尔尼诺会影响我们的气候吗？答案是会，也不会。图 6-9 显示了过去 50 年里全球年平均气温的变化，根据年份的不同，用不同深浅的阴影条显示厄尔尼诺、拉尼娜和正常年份。很明显，几乎所有强厄尔尼诺年的全球平均气温都高于正常年份，而几乎所有强拉尼娜年的全球平均气温都低于正常年份。造成这一现象的主要原因是局部的厄尔尼诺和拉尼娜增温或降温效应太强，显著影响了全球平均气温。在某些厄尔尼诺年，全球平均温度比其他年份高 0.2℃。

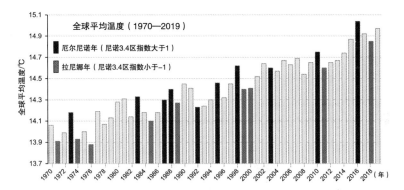

图 6-9　1970—2019 年全球平均温度变化，根据厄尔尼诺状态进行了标记

注：图中使用了 GISTEMP 团队的陆地和海洋数据（美国国家航空航天局戈达德太空研究所地表分析数据 GISTEMP，第 4 版，2020）。数据来源 data.giss.nasa.gov/gistemp，引自 Lenssen, N., 等人，《GISTEMP 不确定性模型的改进》，《地球物理学研究杂志 – 大气》，2019，第 124 卷：6307‑6326。

以上说的这一点很重要，因为气候变化怀疑论者经常强调这样一些事实，即气候并不是每年都在变暖，而且有时会连续几年温度相对稳定。最好的例子是 1998 年之后的一段时间，1998 年的强厄尔尼诺导致全球更暖，而接下来的两年温度要低得多，此后的气温趋势直到 2004 年似乎一直保持平稳。在 1998 年之后的几年里，气候变化怀疑论者不停地谈论气温不再上升；然而到 2005 年前后，这一论点开始退潮，2010 年之后就没有多少人再提了。

在过去的 120 年里，全球平均气温总体呈持续上升趋势。厄尔尼诺确实可以对气候有几年的影响，导致气候记录看起来很不稳定，但并没有证据表明厄尔尼诺可以对地球气候造成长达几十年甚至上百年的影响。

第七章

短期的太阳变化

日色赤黄，中有黑气如飞鹊，数月乃消。

——《后汉书·五行志》

中平五年，公元 188 年

日中有三足乌。

——《论衡·说日》

齐武三年，公元 240 年

日中有若飞燕者，数日乃消。

——《晋书·天文志》

元康九年，公元 299 年 [1]

中国人会仔细观察各种各样的天体现象，尽管他们的记录是零零散散的，但他们很可能在公元前 800 年左右——早于望远镜发明之前——就开始观测太阳黑子了。关于太阳黑子的首条系统性记录归功于约翰尼斯·法布里修斯（Johannes Fabricus）。1611年，在德国奥斯特尔，约翰尼斯在他父亲的教堂里用一架从荷兰带来的早期的望远镜观察了几个月的太阳。[2] 两年后，在佛罗伦萨，伽利略·伽利雷（Galileo Galilei）用自己制造的望远镜观测了太阳黑子，他发表了一系列手绘图，这些图是他在 36 天内每天绘制的，能够展示太阳黑子随时间推移的形态变化。[3]

什么是太阳黑子？

太阳黑子是太阳表面一个比周围温度低的区域，所以看起来是黑暗的。太阳黑子的温度约为 4000℃，比太阳表面平均温度低约 1500℃。它们的大小从地球直径的 1% 到 10 倍不等，平均值接近地球直径（12000 千米），或约为太阳直径的 1/100。

太阳黑子是由太阳磁场的扰动产生的，并在磁环穿透太阳表面（光球层）的地方形成，如图 7-1 所示。穿透光球层的磁场抑制了太阳上层的正常对流运动，导致较少的热量传到表面。太阳黑子通常成对形成，因为每对黑子中的一个是磁场流出表面的结果，另一个则是磁场流入表面的结果，所以成对的两个黑子具有相反

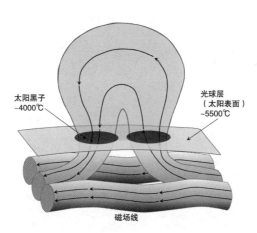

太阳黑子
~4000℃

光球层
（太阳表面）
~5500℃

磁场线

图 7-1　太阳磁场扰动和太阳黑子之间的关系

注：基于路易斯·玛丽亚·贝尼特斯（Luis Maria Benitez）的图画（维基媒体，"太阳黑子图"）。

的磁极。太阳黑子会在太阳表面有所移动，特别是在它们刚形成的时候，大的太阳黑子往往比小的太阳黑子移动得更快更频繁。[4]

　　图 7-2 展示了一些太阳黑子。太阳黑子中最黑的部分被称为本影，周围较暗的光晕称为半影。由于太阳黑子的温度低于光球层周围区域，这会导致地球上接收到的太阳辐照度减少。但太阳黑子与光斑有关，光斑通常是光球层中围绕太阳黑子的明亮区域。光斑形成于太阳磁场靠近但未穿透光球层的地方，在这些区域，磁场降低了光球层上方的气体密度，使得透过的光线强度更大。与太阳黑子的面积相比，光斑（图 7-2 中的白色区域）的范围更大，所以当太阳黑子数量多时，总的太阳辐照度实际上比太阳黑子数量少时更大。

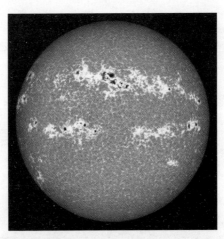

图 7-2　太阳黑子活动相对较高时期的太阳（2001 年 3 月 28 日）

注：太阳黑子是黑色的；它们周围的灰色区域是它们的半影；白色区域是光斑。图片来自莫纳罗亚太阳天文台精密太阳光度望远镜（PSPT），由美国国家航空航天局戈达德航天飞行中心科学可视化工作室处理（svs.gsfc.nasa.gov/2644）。

太阳黑子的短期变化

在任何时刻观测太阳黑子，其数目从零到几百个不等。尽管有些非规律性的长期变化特征，太阳黑子数目还是呈现规律性变化的特点，周期接近 11 年。最近的研究认为，太阳黑子的 11 年周期与金星、地球和木星的 11 年周期有关，因为这三颗行星对太阳有着最大引力。[5] 该研究表明，每隔 11.07 年，金星、地球和木星会在太阳的同一侧排成一列，此时它们的潮汐拉力最强，这样的排列方式一直与太阳黑子的极小期相对应。

过去一个世纪太阳黑子数量的逐月变化情况如图 7-3 所示，从中可以明显看到 11 年的周期，同时月与月之间的变化也很显著。

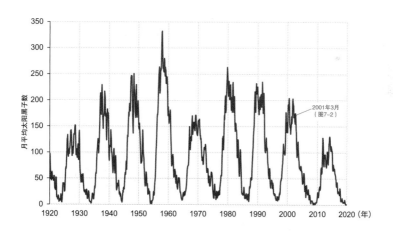

图 7-3 1920—2020 年月平均太阳黑子数量的变化

注：使用的数据来自比利时皇家天文台世界数据中心—太阳黑子指数和长期太阳观测（WDC-SILSO）的在线太阳黑子数量数据（sidc.be/silso/datafiles）。

图 7-2 显示 2001 年 3 月的极大值时期，此时大约有 160 个太阳黑子（但是这张图没有显示所有 160 个太阳黑子，因为许多较小的太阳黑子在图中没有显示出来，并且太阳的另一面也不可见）。

对太阳黑子数目详尽的记录可以追溯到约 1750 年，之前还有不少的望远镜观测数据，足以拼凑出早至 1611 年的可靠的太阳黑子历史记录。[6] 至于 1611 年以前的肉眼观测记录，因为过于零散，所以无法将太阳黑子记录延伸至更早的时间。

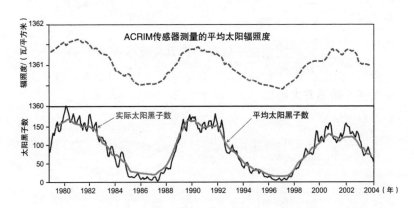

图 7-4 1979—2004 年太阳辐照度（使用卫星测量数据）和太阳黑子数之间的比较

注：图片来自美国国家航空航天局（spaceemath.gsfc.nasa.gov/Week/Earth8.pdf）。卫星的太阳辐照度数据基于 1980—2013 年搭载在三颗卫星上的有源腔辐射计辐射监测传感器（ACRIM），卫星高度位于 500~700 千米。

太阳黑子数与太阳辐照度的关系如图 7-4 所示。这两个参数之间的相关性非常明确，但辐照度的变化很小。当平均太阳黑子数为 150 个左右时，平均辐照度约为 1361.5 瓦 / 平方米（W/m²）。[7]

当平均太阳黑子数接近零时，平均辐照度约为 1360.5 瓦 / 平方米。换句话说，太阳黑子数相对较高的时期与太阳黑子数较低的时期相比，从太阳获得的能量差异值只有 1 瓦 / 平方米，占比不足0.1%。你如果认为这不可能对气候产生任何影响，那么你可能是对的，也可能是错的。

可能正确的原因是在太阳黑子周期的 11 年时间尺度上，太阳辐照度的微小差异并不会改变气候，我们的气候系统往往需要时间（几十年）来响应外界强迫。在没有其他气候反馈的情况下，如果气候系统中太阳辐射改变导致的反馈达到平衡，太阳辐照度变化 0.1% 只会导致地表大气温度变化 0.03℃。但由于海洋和陆地的体量巨大，在几十年甚至几个世纪内都难以达到平衡。因此，早在气候开始随着太阳黑子数量的变化而达到新的平衡之前，这一轮周期就结束了，太阳黑子数量又会发生新的变化。

可能错误的原因是存在反馈过程，太阳黑子数量也存在一些长期变化。与太阳黑子数量变化相关的微小温度强迫可以通过气候反馈被放大很多倍，而且长期变化（不是短期变化）可能会改变气候。

太阳黑子的长期变化和小冰期

在太阳黑子的周期内，有两种类型的长期变化。

首先，太阳黑子数峰值的强度会呈现有规律的变化，如图 7-3 所示。太阳黑子数量在 20 世纪 20 年代相对较少，最多有约 150 个。

20 世纪上半叶，太阳黑子数量持续增加，到 20 世纪 50 年代末增加到超过 300 个，然后又逐渐下降，到 21 世纪最初 10 年降到约 130 个。如图 7–5 所示，从 1820 年前后到 1900 年，也存在类似的"先增后减"的长期变化。在 1800 年前后，太阳黑子数量极低，这一时期被称为道尔顿极小期，以英国气象学家约翰·道尔顿（John Dalton）的名字命名。道尔顿极小期持续了约 30 年，目前没有确凿的证据表明道尔顿极小期对气候产生了可测的影响。[8]

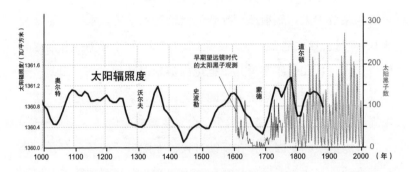

图 7–5　1750—2020 年的太阳黑子数量（灰色）和 1000—1885 年的太阳辐照度（黑色）变化，后者基于树木年轮碳–14 和冰芯铍–10 数据

注：其中太阳黑子数据来自比利时皇家天文台世界数据中心—太阳黑子指数和长期太阳观测（WDC–SILSO，与图 7–3 相同），辐照度数据来自 Wu, C. 等人：《过去 9000 年太阳总辐照度和光谱辐照度资料的重建》，《天文与天体物理学报》，2018，第 620 卷，A120 期第 12 篇。

　　其次，太阳黑子数存在数十年数量少的现象，这种现象被称为"太阳极小期"（grand minima），其中最著名的是蒙德极小期，也是唯一有望远镜观测数据的极小期。从 1645 年到 1715 年的整整 70 年间，观测到的太阳黑子数比 20 世纪的任何一年都少，而且其中大部分是生命短暂的黑子，持续时间不到一个太阳自转期（地球上观测到的时间为 26 天）。[9]

图 7-5 中以粗黑线显示的辐照度值，是基于冰川中的铍–10（[10]Be）浓度和树木年轮中的碳–14（[14]C）浓度计算得到的，使用了多源数据。由于宇宙辐射与大气中的氮和氧相互作用，这些铍和碳的同位素可以在高层大气中自然形成。因为太阳的磁场强度随着太阳黑子的数量而增加，使得宇宙辐射偏离地球，因此地球上 [10]Be 和 [14]C 浓度的变化与太阳黑子的数量存在比例关系。

虽然在 1611 年之前缺乏持续的太阳黑子观测，但从辐照度数据来看，史波勒极小期与蒙德极小期一样强，甚至更强，因此我们可以假设在 1400 年到 1550 年之间很长的时间里几乎没有或完全没有太阳黑子。沃尔夫极小期和奥尔特极小期没有那么极端，尽管在沃尔夫极小期（1280—1350 年）也可能有很长一段时间没有太阳黑子。[10]

图 7-5 显示了几次超级极小期的太阳辐照度低点。每一次都持续了几十年（而正常极小期只持续了几年），因此它们有可能对气候产生了影响。事实上，包括沃尔夫、史波勒、蒙德和道尔顿极小期在内的时期与小冰期（LIA）存在一致性，如图 7-6 所示。

从大约 1300 年到 1850 年[11]，小冰期持续了约 500 年，这个时期天气偏凉，有特别寒冷的冬天，当然小冰期的具体时间段因观测地点和用于解释的证据类型而有差别。这不是一个真正的冰河时代，因为没有形成大陆冰川，而且除了从 1450 年到 1475 年以及从 1645 年到 1715 年外，也不是整个时期一直偏冷。在小冰期，冰川前进了数百米至数千米，甚至摧毁了高山村庄，例如法国的拉罗西埃（1616 年）、意大利的普雷杜巴尔（1715 年）和阿拉斯加的特林吉特村庄。同时，在中亚也观测到了冰川的大幅度前进。[12] 事实上，整个北半球的冰川在小冰期期间都在大幅度地推进。

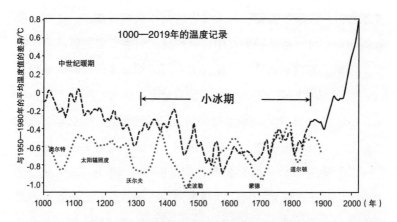

图 7-6　1000—2019 年全球温度记录（黑色），来自代用资料（虚线）和实际观测记录（实线）

注：图中灰色虚线为太阳辐照度曲线（图 7-5），以供对比参考。数据引自 Moberg, A. 等人：《根据高低分辨率代用数据重建的高度可变的北半球温度资料》，《自然》，2005，第 433 卷：613–617。以及 Jones, P, 和 Moberg, A.：《半球和大尺度地表气温变化：修订并更新到 2001 年》，《气候杂志》，2003，第 16 卷：206–223。

　　加拿大落基山脉的罗布森冰川是一个在小冰期中冰川推进的例子（图 7-7）。在大约 2 万年前的末次盛冰期，整个山谷都被冰覆盖，冰川向山谷扩展了近 20 千米，在那里与更大的冰川会合，如图 7-7 所示。由于米兰科维奇周期变化，日照度逐渐增加导致了变暖，这些冰川在大约 1.2 万年前开始后退，到 5500 年前时，该冰川已经消退到其目前末端上方约 4 千米处（图中的后卫山后面）。[13] 之后它开始重新前进，并在公元 1350 年左右到达图 7-7 中 B 点，即冰碛末端所示的界线，没有证据表明在小冰期的其余时间里，这条冰川有超过该点。[14]

图 7-7　2018 年落基山脉的后卫山（右）和罗布森冰川

注：位于加拿大不列颠哥伦比亚省。沿远坡的冰川边缘线（A）标志着过去 5000 年来罗布森冰川的最大高度。小冰期时（公元 1350 年），冰川末端位于冰碛新月形末端的位置（B）。现在的末端位于山谷上方 2.2 千米处（C）。

瑞士的大阿莱奇冰川（欧洲最长的冰川）也有类似的历史记录，如图 7-8 所示。从距今约 3500 年至约公元 1350 年，冰川末端多次进退，但总体前进量在 3 千米左右。在小冰期期间，它也有后退和前进，但前进距离从未超过公元 1350 年的水平，后退距

离也从未超过 1.5 千米。但自 1850 年以来，它已经后退了大约 3.5
千米。

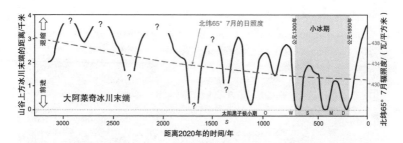

图 7-8　在小冰期期间，瑞士大阿莱奇冰川末端相对于其最大范围的位置
变化

　　注：图中太阳黑子极小期用字母 O（奥尔特）、W（沃尔夫）、S（史波勒）、M（蒙
德）和 D（道尔顿）表示。引自 Matthews, J., 和 Briffa, K. :《"小冰河时代"：对一个
不断发展的概念的重新评价》,《地理学纪事》, 2005，第 87 卷：17-36。日照度曲
线数据来自 Laskar, J. 等人：《地球日照量的长期数值解》,《天文与天体物理学报》,
2004，第 428 卷：261-285。

　　在过去的几千年里，这两条冰川都显著扩张，在小冰期期间
达到了顶点，但这些始于数千年前的冰川扩张不能归因于 1050 年
至 1800 年间发生的太阳黑子超级极小期。相反，它们似乎与开始
于大约 1 万年前的北纬 65° 的米兰科维奇日照强度的下降更密切[15]
（图 7-8）。这一结论得到了索洛米娜（Solomina）[①]等人相关研究的
支持，他们分析了所有大陆（除澳大利亚以外）100 多条冰川的
数据，注意到在过去 1 万年中，北半球冰川面积总体呈增加趋势，

①　奥尔加·索洛米娜，俄罗斯科学院地理研究所副所长，著名气候学家，IPCC
AR4 和 AR5 评估报告作者之一，荣获过俄罗斯联邦总统杰出青年研究奖（1995），
2007 年 IPCC 诺贝尔和平奖专家组成员。

对应于北纬 65° 夏季日照强度的逐渐减少。

　　换句话说，以上证据表明，小冰期更有可能是由与轨道变化有关的日照强度变化引起的，而不是由太阳黑子数量低引起的，当然，后者引起的太阳辐照度的小幅减少很有可能加剧了寒冷的状态。

太阳黑子和现代气候变化

　　有些人否认过去一个世纪的强烈变暖是由人类导致的，他们的一个常见论点是"太阳本身导致了气候变暖"。他们指的可能是与轨道周期变化有关的日照度变化，也可能是与太阳黑子周期有关的太阳辐照度变化。但无论哪种方式，这些说法都缺乏证据支持。

　　正如第五章所讨论的，如图 7-8 所示，过去几千年，在北纬65°，7 月日照强度的米兰科维奇周期变化只会导致我们的行星变冷，而不是变暖。这似乎是大约 700 年前地球进入小冰期的原因，但这种冷却效应在过去一个世纪并没有逆转，因此不能用它来解释我们目前的气候变暖现象。

　　认为太阳黑子变化对过去的气候有重大影响，那些所谓的"证据"都站不住脚，充其量是很弱的证据，更何况这些"影响"并没有发生。如图 7-9 所示，从 1880 年到 1950 年，总太阳辐照度（与太阳黑子周期有关）增加了约 1 瓦 / 平方米。在那段时间里全球变暖了约 0.2℃，但这不太可能与太阳黑子和太阳辐照度有关。自 1955 年以来，太阳辐照度下降了 0.5 瓦 / 平方米以上，而在这段时间里，气温升高超过 1℃。

在过去 70 年里，与太阳黑子有关的太阳辐照度的变化，以及与地球轨道参数有关的北半球接收的太阳辐照度的变化，都应该导致地球温度的小幅度下降，而不是我们所感受到的强烈变暖。

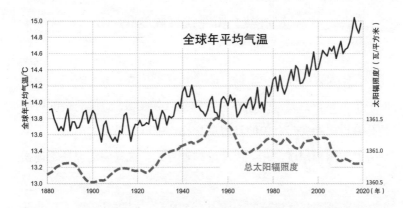

图 7-9 过去 140 年的全球年平均气温（黑色实线）及与太阳黑子有关的总太阳辐照度（灰色虚线）

温度数据来源于美国国家航空航天局戈达德太空研究所，太阳辐照度数据引自 Dasi-Espuig, M. 等人：《从模拟地磁图重建 1700 年以来的太阳光谱辐照度数据》，《天文与天体物理学报》，2016，第 590 卷。

第八章

灾难性撞击

"想象一下，在大约 10 千米的高空有一架客机在飞行，刚好挡住了飞来的彗星。顷刻间，飞机就会像虫子一样被撞得粉碎。1/3 秒后，彗星前端带着零星的飞机残骸撞向地面，产生炫目的闪光，在彗星和地面引发冲击波，再过 1/3 秒后，彗星尾端也完全嵌入地面。飞机失事后一两秒钟，地面上就会出现一个巨大的、不断扩大的、炽热的洞，以及一个不断膨胀的、由蒸发的岩石组成的火球，爆炸喷出的碎片将在四散的过程中横扫大气层。地球将在比读这句话还短的时间内遭受灾难性的破坏。"

——沃尔特·阿尔瓦雷斯（Walter Alvarez），2013 年 [1]

读上文最后一句话的时间大约要 5 秒，而在墨西哥尤卡坦半岛的希克苏鲁伯村庄附近，对于生活在撞击点周围几百千米内的几乎所有生物来说，这可能是他们仅有的时间了。在更远的地方——至少 6000 千米，甚至更远——大多数生物将在数小时内因热辐射而死亡，死因并不是撞击爆炸本身，而是无数炽热的硅化物和岩石碎片发射出的强烈光线，这些碎片从陨石坑和大气层中喷射出去，但在几小时后又返回来。据估计，那场强烈的"流星"风暴的亮度大约是太阳最亮时的 7 倍，而热量大致相当于你处在厨房烤箱里"炙烤模式"的感受。这场风暴持续了几小时。[2] 除了在有厚厚的云层覆盖的地区——尽管云层很可能也已经被蒸发——大多数像森林这样的易燃物质会被点燃，大多数暴露在外的生物会被烤焦。以尤卡坦半岛为中心，6000 千米的半径足以覆盖整个北美洲和南美洲的大部分地区，但受影响的范围很可能远不止于此。

这只是最初的几小时。在接下来的几个月和几年里，从那场浩劫中幸存下来的大多数动物仍心有余悸，希望自己能把那段经历忘得精光——如果当时的动物有意识的话。

希克苏鲁伯撞击的气候影响

据估计，希克苏鲁伯陨石直径约 12 千米，以每小时 10 万千米的速度撞击地球。[3] 它坠落在一片浅海区域（几百米深），海面下是 5 千米厚的石灰岩和蒸发岩沉积层。石灰岩的主要成分是碳酸钙（$CaCO_3$），而蒸发岩层的主要成分是硫酸钙（$CaSO_4$）。陨石在几分之一秒内爆炸穿过这些沉积层，然后在地壳的花岗岩中炸出一个近 100 千米宽、20 千米深的大坑（图 8-1）。顷刻间大坑内的所有物质熔化或蒸发，固体颗粒被喷射出大气层。

陨石坑内和周围海底平面的突然变化引发了一场巨大的海啸，海啸席卷墨西哥湾，并进入大西洋和太平洋（因为那时没有巴拿马地峡）。在墨西哥湾内，海浪可能高达 1500 米，到达太平洋和大西洋时可能超过 15 米。[4] 这对墨西哥湾周围广大的低洼地区造成了巨大的破坏，然后海水倒灌回希克苏鲁伯，用该地区周围的沉积物和爆炸产生的碎片填满了陨石坑的大部分。这些回填物中含有大量木炭，可能产生于墨西哥湾周围地区的野火。

如前所述，撞击产生的岩石碎片和硅化物被送入高空，穿过大气层，散布在半径至少 6000 千米的区域。在重返大气层时，摩擦使这些物质变成了炽热的发光体，其亮度超出太阳的 7 倍，热量足以在这片广阔的区域内引发野火，甚至可能在全球引发火灾。那些不能躲在地下或水中的动物，就算没有因炽热而丧命，也很可能在随后的火灾中死亡。

上述规模的野火会产生大量的烟雾，在世界各地的白垩纪—古近纪（K–Pg）边界层沉积物中均发现了源自该烟雾的烟灰层。烟灰量高达约150亿吨[①]，是一般年份野火产生的烟灰量的数百倍，足以有效阻挡大部分入射阳光。根据排放 150 亿吨野火烟灰后的古近纪早期气候数值模型结果，在数年里，地球表面的平均日照可能不到正常日照的 1%，而在低纬度地区可能更少。[5]换句话说，在很多年里，尽管不像夜晚那么黑，但地球一直被笼罩在黑暗中。在这种情况下，陆地和海洋中的光合作用以及植物的生长都被严重抑制了。在包括赤道在内的大多数大陆地区，年平均温度下降到 0℃以下，或比正常水平低 10—15℃（图 8-2）；在一些温带和极地地区，温度要低得更多，只有在热带和温带海洋上，温度才可能保持在 0℃以上。降水量下降到正常水平的 20% 左右，这是大多数沙漠地区的典型特征（图 8-2）。巴丁[②] 和他的合著者推断，大约 2 年后黑暗会开始消退，但寒冷和干燥的环境条件可能会持续 6~8 年的时间。

可想而知，在这种条件下生存是很困难的，即使对当时环境

---

① 关于烟灰量不同研究有不同的数值，例如以下研究认为总量可达 700 亿吨：KAIHO K, OSHIMA N, ADACHI K, et al., 2016. Global Climate Change Driven by Soot at the K–Pg Boundary as the Cause of the Mass Extinction [J]. Scientific Reports, 6(1): 28427. doi: 10.1038/srep28427.——译者注
② 查尔斯·巴丁（Charles Bardeen），博士，美国国家大气研究中心（NCAR）大气化学观测与模拟实验室的研究员。——译者注

最适应的物种来说也是如此。在热浪和肆虐的野火中幸存下来的动物从洞穴、裂缝和沼泽中钻出来，发现世界永远处于黑暗之中，没有新的植物生长，寒冷刺骨，很快淡水也接近干涸。

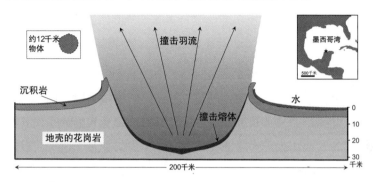

图 8-1　希克苏鲁伯被一个直径约 12 千米的陨石撞击后第一分钟的情景描述

注：引自 Gulick 等人:《新生代的第一天》,《美国科学院院刊》, 2019，第 116 卷，第 39 期。

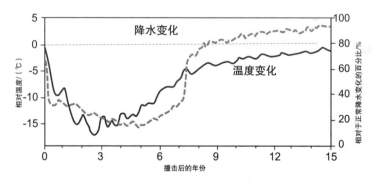

图 8-2　基于大气中 150 亿吨的烟尘，模拟白垩纪—古近纪影响后 15 年内的温度（全球、陆地和海洋）和降水变化

注：引自 Bardeen, C. 等人:《白来白垩纪—古近纪之间由于大气烟尘注入引起的短暂气候变化》,《美国科学院院刊》, 2017，第 114 卷: E7415–E7424。

这还不是全部，上述模型没有考虑到厚厚的硫酸钙岩层瞬间蒸发所形成的 6500 亿吨 SO_2，这大约是 1991 年皮纳图博火山喷发量[①]的 4 万倍。这些 SO_2 在大气中会很快转化为硫酸液滴，只要它们在大气中滞留（可能几年），就会使降温更加强烈。可能在第 6 年或第 7 年的某个时刻，大量的雨水最终归来，但应该都是酸性的。

除了烟灰，野火还会产生大量的 CO_2，同时撞击地的石灰石蒸发也会释放 CO_2。一项研究分析了突尼斯地区跨越白垩纪—古近纪（K–Pg）分界点的鱼类遗骸，结果表明在尘埃和硫酸盐气溶胶沉降后，气候出现了大约 5℃ 的由 CO_2 引发的变暖，这次变暖持续了大约 10 万年。[6]

总而言之，在距今 6600 万年前时，一颗直径为 12 千米的天体与地球撞击，既能导致瞬时直接的气候影响，也能导致长期的气候影响。首先，进入地球的固体撞击喷射物产生强烈的热量释放，持续了几小时，足以杀死暴露在外面的生物，引发覆盖整个大陆的野火。接下来是几年的黑暗、极度的寒冷和干旱，然后是酸雨。最后，强烈的变暖持续了大约 10 万年。

大约 75% 的物种因白垩纪—古近纪（K–Pg）事件而灭绝，但最值得注意的是，虽然经历了这样的悲惨境遇，仍有 25% 的物种得以幸存。下面列出了一些未能幸存的生物：

- 超过 50% 的陆地植物物种
- 80% 的海龟物种
- 50% 的鳄鱼物种

---

① 引起了约 0.5℃ 的全球温度降低，参照第四章。——译者注

- 100% 的翼龙
- 大多数鸟类
- 100% 的恐龙（除了那些幸存的鸟类物种）
- 大多数后兽亚纲的哺乳动物，包括几乎所有的有袋动物
- 除鹦鹉螺外的所有菊石
- 几乎所有介形虫（类虾的节肢动物）[7]

外星撞击的历史

虽然地球上有数百个撞击坑，但大多数都很小（直径只有几千米或更小），而且大多数都相对较新［包括白垩纪—古近纪（K–Pg）撞击］。表8-1列出了一些主要撞击坑的详细信息。

表8-1　地球上最大的9个撞击坑（按时间顺序排列）

名字	位置	撞击坑直径 / 千米	年代 / 百万年前
弗里德堡	南非自由州省	300	2020
萨德伯里	加拿大安大略省	260	1850
阿克拉曼	澳大利亚南澳大利亚州	90	580
曼尼古根	加拿大魁北克省	100	214
摩洛衮	南非西北省	70	145
喀拉	俄罗斯涅涅茨	65	70
希克苏鲁伯	墨西哥尤卡坦半岛	150	66
珀匹盖	俄罗斯西伯利亚	100	35
切萨皮克	美国新泽西州和特拉华州	85	35

注：Ma = 百万年前；因为很难确定撞击的日期，这些日期是近似的。数据来源于多个资料。

图 8-3 显示了这些陨石坑中最具视觉冲击力的曼尼古根陨石坑。在地球上我们看不到很多古老的陨石坑，这与月球不同，主要原因在于地球是一个地质活跃的行星。地壳的大部分较老的岩石已经俯冲到地幔中，或者折叠并断裂成山脉，然后被侵蚀，或被数百米的新岩石覆盖。

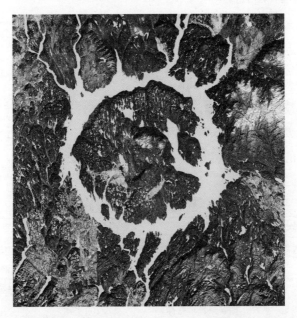

图 8-3　冬季，直径为 100 千米的曼尼古根陨石坑（魁北克）

注：2020 年 5 月引自维基百科，图片《哨兵 2 卫星拍摄的冬季曼尼古根陨石坑》。

事实上，在地球早期的历史中，天体撞击地球的频率比现在高得多，这可以从月球主要平原之一的危海的图像得到很好的说明（图 8-4）。危海周围的月壳大约是 40 亿年前形成的，而它的底部则布满了较新的玄武岩，大约在 32 亿年前（或者可能更晚）形成。古老的岩石一般都布满了各种大小的陨石坑，而危海则相对原始，只有几个小陨石坑。月球在其历史的前 5 亿年中受到了各种天体的撞击，这就是所谓的早期撞击事件（从大约 45 亿年前到 40 亿年前）。紧随其后的是晚期大撞击事件，其峰值出现在大约 39 亿年前，随后撞击强度逐渐降低，直到大约 30 亿年前。[8] 危海泛滥的玄武岩层覆盖了许多更久远的陨石坑，但玄武岩层并没有受到严重撞击，这是由于 30 亿年前之后的撞击频率低得多。

图 8-4　月球上直径 555 千米的危海，在大约 32 亿年前被玄武质岩浆淹没

注：2020 年 11 月引自维基百科，美国国家航空航天局（NASA）月球勘测轨道飞行器拍摄的月球"危海"照片。

重要的是，在距今 46 亿年前到 30 亿年期间，地球也曾受到天体的撞击。由于地球强大的地质循环，我们没有证据证明这些影响，但我们知道它们曾发生过，而且尺寸较大的天体撞击很可能对气候产生了影响。

那么，这些我们已知的和更早期未知的撞击对气候产生了什么影响？几乎可以肯定，这些撞击产生的影响比白垩纪—古近纪（K-Pg）的大撞击要小——而且在大多数情况下要小得多。白垩纪—古近纪（K-Pg）事件造成如此严重的气候影响，一些细节如下：根据陨石坑的大小判断，它由一个大型天体造成；当时地球上森林覆盖很广泛，大部分植被被火焰吞噬，将烟尘和 CO_2 排放到大气中；该天体撞击在一个有厚厚的碳酸盐和硫酸盐岩层的区域；与早些时期相比，当时大气中的温室气体含量较低。

前寒武纪（5.4 亿年之前）的撞击对气候和生物产生的影响可能很小，主要是因为那时陆地上几乎没有生命，所以不存在发生野火的可能性。即使发生了显著的变暖或变冷，也不太可能对海洋微生物产生较大的影响，因为海洋温度的变化往往比陆地温度的变化小得多。

1980 年阿尔瓦雷斯团队提出白垩纪—古近纪灭绝事件是地外原因导致的，从那时起，尤其是 1991 年发现希克苏鲁伯陨石坑以来[9]，地质学家一直在寻找证据来证明其他一些主要的物种灭绝事件也是由天体撞击造成的。过去 5.4 亿年的五次大灭绝分别是：奥陶纪—志留纪（444 Ma）、泥盆纪后期（370 Ma）、二叠纪末（251 Ma）、三叠纪末（201 Ma），以及白垩纪—古近纪（66 Ma）大灭绝。到目前为止，除了最后一次，还没有人能够找到令人信服的证据来表明这些灭绝事件都与地外天体的撞击有关。

在奥陶纪中期有一个冰河期（不是灭绝事件），一些人认为这也与天体事件有关，但并不具体指某次特定的撞击。有强有力的证据表明，大约 4.68 亿年前，一个太阳系天体，现在被称为 "L- 球粒陨石母体"（或 LCPB），分裂成数十亿个小块（可能是由于在太空中与另一个物体发生碰撞）。自那次事件以来，L- 球粒陨石在地球上变得非常常见（大约 1/3 的陨石属于这种类型）。但是在 LCPB 解体后的大约 100 万年里，它们的数量特别多，因此有人认为，大气中大量的陨石尘埃会阻挡足够多的阳光，从而迫使气温降低，导致强烈的冰川作用[10]。

还有一些证据表明，西伯利亚的珀匹盖陨石撞击（大约 3500 万年前）是始新世末期（3390 万年）一次小型灭绝事件的原因。这一解释是基于对珀匹盖陨石撞击时间的重新评估，表明其发生时间可能与始新世末期的灭绝事件更接近[11]。

未来 "地外来客" 的影响

在白垩纪—古近纪（K–Pg）撞击之后，古新纪时期的最初几十年内的地球环境非常恶劣。没人想再次经历这种情况，所以对我们来说，了解未来天体撞击地球的风险是很有必要的。

通过观察已知的天体到达地球大气层的频次，我们可以预估未来大型天体的撞击风险。如图 8-5 所示，进入地球的小粒子比大粒子多得多。在任何一年中，直径小于 1 毫米的粒子的数量都可以用"百亿亿"（10^{18}）颗来表示，其中彗星来源的粒子数量是小行星来源的粒子数量的许多倍。这种大小的粒子甚至不会成为流星，这意味着它们不会在天空中形成可见的发光轨迹，也不会显著影响地球的气候。每年地球上有数十亿颗流星，其中，火流星是一种极其明亮的流星（甚至比金星还亮），每年的数量达数万颗。如果要在地球上形成陨石坑，那么这个天体的直径必须远超1米，并且必须到达地球的陆地表面（其中一些天体在大气中爆炸，另一些落入海洋）。我们可以预计，每年有一颗直径为5米的天体（大小相当于一辆大型皮卡车，但质量相当于一个火车头）进入地球大气层，每10年有一颗直径为10米的天体（大小相当于一个火车头，但质量相当于10节火车车厢），每100年有一颗直径为20米的天体，每1000年有一颗直径为50米的天体。[12]

具体来说，2013年，一颗直径约为20米的天体在俄罗斯乌拉尔地区的车里雅宾斯克上空爆炸。这起事件导致超过100人入院治疗，建筑物损毁的损失超过3000万美元。爆炸前，该天体比太阳还明亮，导致很多人被严重"晒伤"。就在100多年前（1908年），一颗直径约为65米的天体在西伯利亚偏远的通古斯卡地区上空6至10千米处爆炸，导致2000平方千米内的树林被夷为平地。如果这起事件发生在人口稠密的地区，伤亡人数会达到数百万人，基础设施毁坏的损失会达到数十亿美元。

大小从几米到数百米不等的天体撞击不会改变地球气候，但较大的天体显然可以，如图8-4所示，一个直径1千米的天体大约每10万年会出现一次。

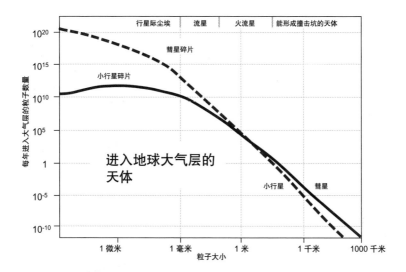

图 8-5 进入地球大气层的不同大小的天体的数量

注：引自 Zolensky 等人：《地外物质的流动》，《陨石与早期太阳系 2》，亚利桑那大学出版社，2006 年，第 869-888 页。

过去 25 年，有一项追踪潜在"近地天体"（NEOs）的国际计划一直在进行，其间，已经确定了数千个天体及它们的轨道。具有潜在威胁的近地天体是预计会接近地球的近地天体，其与地球的距离会小于 20 倍的地月距离。目前关注的重点是所有直径超过140 米的近地天体，因为这些近地天体被认为对人类和基础设施有重大损害。

根据美国国家航空航天局喷气推进实验室的数据，直径大于1 千米的近地天体约有 1000 颗，直径大于 140 米的约有 1.5 万颗。截至 2020 年 5 月，已发现 731 颗直径大于 1 千米的近地天体和8827 颗直径大于 140 米的近地天体。[13] 其中只有 2 颗近地天体有很大的可能会靠近地球，它们真正撞击地球的概率约为万分之一，并且预计还需要一个多世纪的时间。尽管这个风险非常小，但重要的是要知道，很可能还有数百颗其他近地天体尚未被发现。

因此，在我或你的有生之年，"地外来客"产生重大影响的风险似乎很小。但是，对地球上的我们来说，被直径几千米的东西击中的后果是极端的，所以，我们确实需要密切监视天空，这绝对是个明智的想法。

第九章

人类活动引发的灾难

"如果身处太空，你将看到人类是如何改变地球的：几乎所有可用的土地都被利用，森林已被清除，取而代之的是欣欣向荣的农业和城市群。极地的冰冠日益萎缩，而沙漠则不停扩张。即便到了晚上，地球也不再像以前那样暗淡，大片大片亮起的灯光宣告着人类的存在。所有的一切都在证明，人类对地球的开发利用正在达到一个临界极限。人类的需求和欲望依然在不断增加，但我们不能继续污染大气、毒害海洋以及榨干土地了，因为地球已经不堪重负。"

——史蒂芬·霍金，2007 年[1]

现有证据表明，直立人属约在 210 万年前出现。[2] 在人类进化的漫长岁月中，95% 的时间里我们的远古祖先对生态系统的影响相对较小，对气候也几乎没有影响。然而正如史蒂芬·霍金指出的那样，智人的出现使一切变得截然不同，这在过去几千年间尤为显著。

距今大约 35 万到 25 万年前，非洲某个地区开始有智人出现（图 9-1）。我们的祖先在非洲经历了两个漫长的冰期和三个相对较短的间冰期。在冰期的顶峰时期，非洲比现在略微凉快，而且相当干燥。那时撒哈拉沙漠和卡拉哈里沙漠的范围更加宽广，现在非洲中部的大部分雨林地区，在当时是开阔的热带稀树草原，而现在的热带稀树草原地区，在当时大部分是草地。对于当时非洲的智人而言，在自然气候变化中生存并非难事，主要因为这些变化进行得相对缓慢，让他们有时间去适应和迁移。

智人离开非洲是从最后一次间冰期结束时开始的，大约在距今 12 万年前。他们首先到达亚洲南部，然后在距今 6.5 万至 7 万年前到达东南亚和澳大利亚；在距今 5.5 万年至 4 万年前分别到达中东、欧洲、日本和韩国；最后在距今 2.4 万年至 1.5 万年前到达北美和南美。[3] 其间，我们的祖先遵循着狩猎和采集的生活方式。他们过着小范围的群居生活，几乎没有能力去威胁他们赖以生存的自然环境。他们对环境的影响极其有限，没有办法破坏森林（至少不是主观故意破坏的）。

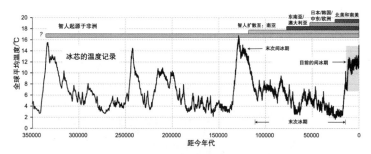

图 9-1　35 万年以来的温度记录（基于冰芯数据），智人的起源和迁移足迹

注：数据来源于 Jouzel, J. "EPICA Dome C 800KYr 氘数据和温度估计"，世界古气候数据中心，IGBP-PAGES（国际地圈－生物圈计划下辖的过去全球变化子项目），美国国家海洋和大气管理局国家地球物理数据中心的古气候计划。阴影区域在图 9-2 有更加详细的展示。

　　正如前几章所述，在几万年到几十万年的时间尺度上，气候变化主要是由地球的轨道和地轴倾斜周期驱动的。这部分知识已经在本书第五章中进行了详细说明，详情如图 5-8 和图 5-9 所示。图 9-2 描述了过去 1.4 万年的冰芯气候记录，以及北纬 65° 7 月份的日照度曲线。大约从 2.2 万年前开始，太阳辐射急剧上升，这使

地球迅速结束了冰期，当然此过程伴随着系列波动。在 1.7 万至
1.05 万年前之间，地球温度上升了 9℃，增温速率约为 0.14℃ / 世
纪（相比之下，目前的全球增温速率超过 1℃ / 世纪）。

在大约 1 万年前，日照度曲线又开始下降，导致全球温度随
之下降。这次降温一直持续到 8000 年前左右，此后温度趋势出现
了反常的逆转，当然这是现在回过头来分析得到的结论。这次温
度的缓慢上升一直持续到 6000 年前，从那时起一直到工业革命时
期，尽管北纬 65° 的太阳辐射持续下降，但地球温度总体上保持基
本稳定。

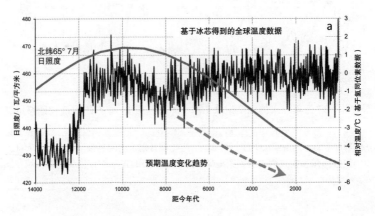

图 9-2　过去 1.4 万年全球温度记录（基于南极冰芯）和北纬 65°的日照
度比较

　　注：引自 Jouzel, J.，《EPICA 穹顶 C 的冰芯氘数据》，出自 2004 年世界古气候
学数据中心数据资助系列。日照度曲线数据引自 Berger, A. 和 Loutre, M–F. :《过去
1000 万年气候的日照值》，第四纪科学评论》，1991，第 10 卷：297–317（附录：
1000 年分辨率的过去 500 万年地球轨道的参数）。

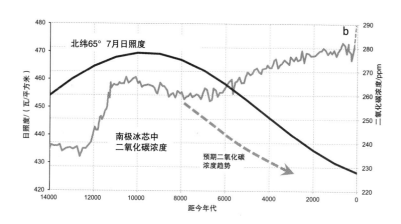

图9-3　过去1.4万年全球大气中的二氧化碳（基于南极冰芯）与北纬65°的日照度比较

注：引自 Luthi, D. 等人：《过去65万年来大气中二氧化碳浓度的高分辨率数据》，《自然》，2008，第453卷：379-382。日照度曲线的来源数据与图9-2相同。

图9-3 和图9-4 揭示了大气中二氧化碳和甲烷数据表现出的类似特征。二氧化碳含量随着日照度曲线的上升而上升，直到约1万年前开始缓慢下降，在大约8000年前又开始回升。甲烷也伴随日照度曲线上升而上升（但是在新仙女木事件期间有明显的下降），在约1万年前达到峰值然后逐渐下降，直到约5000年前，之后又开始上升。这一现象告诉我们，在自然条件下，大气中的甲烷和二氧化碳通常随着温度变化而变化，并对温度变化起到一定的加强作用，但绝非造成温度变化的原因。这是因为在冰期阶段，大气中的甲烷和二氧化碳被储存在多年冻土中。二氧化碳还可以被海洋溶解吸收，特别是海水温度低时，更容易溶解二氧化碳。

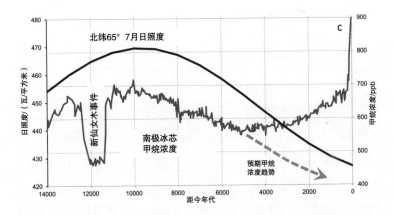

图 9-4　过去 1.4 万年全球大气中的甲烷数据（基于南极冰芯）与北纬 65° 的日照度比较

注：引自 Loulergue, L. 等人：《过去 80 万年来大气中甲烷浓度数据的轨道和千年尺度特征》，《自然》，2008，第 453 卷：383-386。日照度曲线数据与图 9-2 相同。

　　以上图表显示了过去 1.4 万年大气温度和主要成分的变化情况，这些图表的数据来自南极冰芯，并和北纬 65° 7 月份的太阳辐射进行对照。[4]

　　过去 8000 年来，气温、二氧化碳和甲烷的趋势没有跟随太阳辐射的趋势下降，目前还没有已知的自然解释。也没有证据表明洋流、大规模火山活动、天体撞击、太阳辐射能量有变化。其间，地球上唯一的重大变化是人类的数量和他们的生活方式。

农业发展

人类祖先从事农业的证据最早可以追溯到距今 1.7 万年前的黎凡特南部地区（现在的以色列、巴勒斯坦和约旦）。[5] 大约在 1.4 万年前，耕作技术从那里传播到新月沃地东部（今伊拉克和伊朗的部分地区）；1.2 万年前传播到黎凡特北部（今叙利亚、黎巴嫩、土耳其南部），1 万年前传播到新月沃地的其他地区（包括今塞浦路斯、土耳其和埃及），然后慢慢传播到欧洲其他地区，约 4000 年前到达斯堪的纳维亚半岛南部和不列颠群岛。新月沃地地区和欧洲的早期农作物包括谷物（小麦和大麦）、豆类（扁豆、鹰嘴豆和蚕豆）和无花果。也是在这一时期，人类开始了对动物的驯化，最初有猪、山羊、绵羊，然后是牛，后来还开辟了牧场，专门用于喂养牛和后来的马。

其他农作物则在其他一些地区独立发育生长。比如大约 9000 年前，中国东部开始种植水稻[6]，有证据表明湿地水稻的种植开始于大约 7000 年前。墨西哥早在 9000 年前就开始种植玉米和南瓜。[7]在玻利维亚和秘鲁，早在 8000 年前野生马铃薯可能就已经发展成为粮食作物。印度、非洲之角和新几内亚也是早期的农业中心。

我们对原始的耕作方法知之甚少，但几乎可以肯定的是，"刀耕火种"是耕作发展过程中非常重要的一个部分。而且一般来说，耕作都是土地密集型的。根据马里兰大学景观生态学家厄尔·埃利斯（Erle Ellis）的说法：

　　"从我个人的角度和经验来看，当然也是真正主流的经验，很明显，过去人均使用的土地要多得多。在农业起源时期，土地基本上都是免费的，并且不存在土地短缺现象。人们使用最省力的方法进行种植，即把土地烧过一遍之后再撒上一些种子……他们每人使用大量土地来耕种。"[8]

如果不使用肥料的话，以这种方式使用的土壤无法持续很久。因此几年之后，就必须烧掉更多的天然植被，清理更多的土地。

在 2001 年和 2003 年发表的文章中[9]，气候学家威廉·拉迪曼（William Ruddiman）提出人为源温室气体的排放（主要来自农业生产）在过去 8000 年的气候异常中起主要作用。在 2007 年的文章中，他提到：

（1）人类活动对温室气体和全球气候的影响从几千年前就已经开始了，并且在慢慢增加，直到工业时代来临后快速增强。

（2）全球气候本来应该在最近几千年内大幅降温，但是人为源温室气体增加抵消了自然因素的冷却作用。

（3）如果没有人类对气候系统运行的干预，北极地区应该已经形成了冰冠和小冰盖。

（4）过去 2000 年里存在较短的气候波动，部分原因是大流行病造成人类大量死亡、森林重新恢复和伴随的碳存储恢复。[10]

拉迪曼的假说是有争议的，因为过去地球上的人口比现在要少得多。8000 年前地球上的人口只有大约 1200 万，5000 年前达到 4500 万，到 2000 年前才达到 1.9 亿。[11]持反对意见的人质疑的理由是，如此小的人口数量是否有可能影响气候？拉迪曼则认为如果在以下几个因素的加持下就有可能：首先，前面已经提到过，早期的农业耕作方式与今天使用的方法相比效率非常低。通常在大面积的土地上只能种植相对较少的食物，因此需要大量破坏森林来种植新的作物。到后来，人们创造出湿地来种植水稻，这将排放大量的甲烷。换句话说，过去人们依靠农业获取食物的人均碳足迹要比现在大得多。其次，不良的耕作方式导致自然土壤退化，造成土壤侵蚀和斜坡塌陷，进一步释放了原本储存在土壤中的大量的碳。最后，一些其他的气候反馈共同促成了过去 8000 年的缓慢变暖，比如湿地变暖后释放出更多的二氧化碳和甲烷，变暖的海洋也释放出更多的二氧化碳。这些温室气体原本都储存在湿地系统和海洋系统中。

如果我们接受了拉迪曼的理论，那么就不得不面对另一个问题。如果几亿人仅仅依靠系统性的耕作行为就可以在 8000 年内造成接近 1℃ 的温度上升，那么 80 亿人（甚至预期峰值达到 100 亿人口）一边吃着密集耕作生产的食物，一边以惊人的速度燃烧着化石燃料，最终会产生什么影响？拉迪曼也揭示，在工业化之前由人类引起的变暖中，气候反馈是主要原因。毫无疑问，气候反馈将同样适用于工业化之后的变暖现象。我们在控制温室气体排放这个问题上耽搁的时间越长，这些气候反馈就会变得越严重。

化石燃料燃烧

几千年前人类祖先就开始少量使用化石燃料，只不过使用的规模很小，主要是用煤来产热取暖。大量使用化石燃料与 19 世纪初的工业革命有关。正如西蒙·皮拉尼（Simon Pirani）描述的那样[12]，机器时代煤在两个方面发挥了关键作用：首先，制造机器所需的铁需要通过燃烧煤冶炼出来。其次，当这些机器工作时煤是蒸汽发动机的驱动燃料。图 9-5 展示了公元 1800 年至今全球化石燃料的消耗情况。如图所示，煤炭消耗量从公元 1860 年到公元 1910 年左右急剧增加。煤炭需求量增加伴随着蒸汽机的改进，该技术首先应用于制造业，然后用于船舶和火车，最后甚至用于汽车。

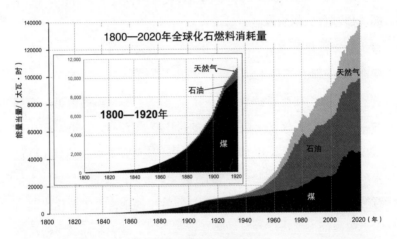

图 9-5　过去 220 年里全球化石燃料的消耗量趋势，前 120 年的数据在图中被放大显示

注：数据来源于化石燃料消耗量，Our World in Data。

内燃机是在 19 世纪后半叶发展起来的，但直到第一次世界大战后才被广泛使用。与此对应的是 1920 年至 1950 年石油消耗的增长。1950 年后，首先是美国人表现出极大的驾车上路的热情，然后扩展到其他地区所有负担得起的人，这导致石油消耗量急剧上升。在北美地区，这一趋势由于郊区的大规模发展而变得更加突出。这些郊区社区与城市中心相距甚远，使得本就艰难运转的城市内部公共交通系统更加难以顾及。这就迫使几乎每个家庭都拥有一辆车，许多家庭甚至不止有一辆车。

20 世纪初至 30 年代，北美和欧洲首先建立了电网。随后人们生活的每个角落对电力的需求很快开始增长。如果没有电，人们生活中的方方面面都会变得很不方便。最初，大部分需求是由燃煤发电满足的，但在最近几十年里，天然气成为发电的主要能源。1971 年，煤炭发电占总发电量的 40%，石油占 21%，天然气占 13%。到 2018 年，煤炭发电占比下降到 38%，石油发电占比一路下降到仅 3%，天然气发电占比则上升到 23%[13]。自 1970 年以来，天然气使用增长较快，这绝大部分是由于发电需求导致的。

天然气更加清洁吗？

化石燃料的支持者经常宣扬天然气是煤炭和石油的绿色替代品。这种说法在一定程度上是正确的，因为一个甲烷分子（天然气的主要成分）比一个燃油分子简单，更比煤分子简单得多。甲烷分子式是 CH_4，即 4 个氢原子围绕 1 个碳原子。石油是一种更复杂的分子混合物，辛烷是其中的一种物质，分子式为 C_8H_{18}，即 18 个氢原子围绕着 8 个碳原子（图 9-6）。

在甲烷燃烧的过程中，每当 1 个 C–H 键断裂就会释放 1 个单位的能量，同时被释放的单个碳原子立即与氧气结合，生成二氧化碳。因此，1 个甲烷分子燃烧形成 1 个二氧化碳分子释放 4 个单位的能量（4:1 的比例）。

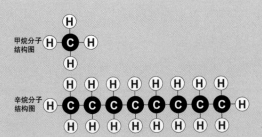

图 9-6　天然气（以甲烷为例）和石油（以辛烷为例）的分子结构

　　在辛烷燃烧的过程中，1 个辛烷分子燃烧可以获得 18 个单位的能量（来自 18 个 C-H 键），并且产生 8 个二氧化碳分子。相当于 18 个单位的能量形成 8 个二氧化碳分子（2.25∶1 的比例）。煤炭的分子式比石油更复杂，所以这个比例更低。根据 IPCC 的报告，平均而言，每生产 1 千瓦·时的电，燃烧天然气会释放 469 克二氧化碳，燃烧石油释放 840 克二氧化碳，燃烧煤炭释放 1001 克二氧化碳。因此，天然气的温室气体足迹低于石油和煤炭。但它依然会排放二氧化碳，并对气候变化产生重大影响。

　　当然，这只是一方面，从硫和氮等杂质以及伴随污染物的角度来看，精炼天然气相对更加清洁。石油，哪怕是精炼石油，只要燃烧都不可避免会产生这些杂质和污染物，煤炭则要更糟。这些燃料在燃烧时释放的污染比天然气多得多。因此与石油和煤炭相比，天然气更清洁、更环保，但这并不能说明天然气一点污染都没有。

人口增长

如前文所述，我们也许可以把过去 8000 年来气候的缓慢变暖归因于农业的发展和演变，也可以非常笃定地把过去 150 年来的快速变暖归因于人类对化石燃料的挥霍。同时，粮食和化石燃料能源的增长也是导致人口爆炸的主要因素。大约 8000 年前（约公元前 6000 年），全球人口约为 1200 万（图 9-7，插图 a）。随着农业的大范围推广应用，种植方法的改进和产量的增加，人口数量迅速攀升。到公元前 3000 年，地球上的人口数量约为 5000 万，到公元元年，这个数字已经接近 2 亿。

现阶段人口呈指数增长的趋势，大约始于 1920 年前后（图 9-7，插图 b），当时地球上的人口数量不到 20 亿人。1920 年距离哈伯—博施工艺的发明还不到十年，这可能不是巧合。因为该方法可以将大气中的氮气转化为氨肥（目前该工艺消耗了全世界天然气供应中的约 4%）。合成的氨肥提供了更多的肥料，因此可以种植更多的粮食，从而能养活更多的人口，于是在 1920 年后地球人口进入了快速增长期。当然，其他农业技术的进步也对人口增长起到了促进作用。

从气候变化的角度来看，有许多问题与日益增长的人口有关，包括（但不限于）下列情况：

——为了住房、商业和工业建设毁林开荒；

——为了建筑和制造业进行更多的砍伐和采矿；

——旅行产生更多的温室气体；

——建造更多的道路和机场来满足出行需要；

——生产更多的食品，在每个环节都有温室气体排放；

——消费更多的产品，导致更多的排放；

——更多的垃圾，运往更多的垃圾填埋场；

——当然，还有更多的反馈。

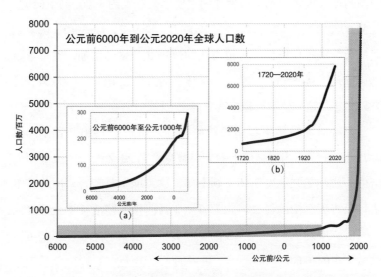

图 9-7　公元前 6000 年至公元 2020 年的全球人口数

注：图中 a、b 两个方框放大了两个阴影区。数据来自考古学和人类学证据，以及罗马和中国人口普查等历史文件；McEvedy, C. 和 Jones, R.,《世界人口史地图集，档案事实》，1978 年出版于纽约；《数据中的世界》中的"世界人口增长数据"。

当然，这不仅仅是简单的人口过多的问题。还需关注的问题是：这些人中的大多数正在做些什么？住的房子比以前更大更好；车开得比以前更快、更远、更频繁；乘飞机旅行的次数更多，飞行的时间更长；吃碳排放量更大的食品；制造更多的垃圾。我们将在第十一章详细说明这些生活方式的影响，以及我们可以做些什么来改变它们。

第十章

临界点

"我在此提出多个证据，表明地球的气候正在接近一个临界点，虽然目前还没有超过此临界点，然而一旦超过，气候变化将不可避免地带来众多不可接受的后果。"

——詹姆斯·汉森，2005 年[1]

"在气候高层对话朝着某个尚不明确的目标一步步推进时，谈判桌下却暗流涌动，恐慌蔓延，气候临界点似乎正以比人们想象中快得多的速度向我们逼近。"

——格文·戴尔，2008 年[2]

在 2017 年的一个讲座中，未来思想家托尼·塞巴（Tony Seba）展示了一张 1900 年拍摄的纽约街道照片[3]。街道上到处是马匹和马车，只看到一辆汽车。随后他展示了 13 年后在同一地点拍摄的照片，街道上满是汽车，只剩下一匹马。在 1900 年到 1913 年间的某个时刻，纽约市的交通系统跨过了一个临界点。从气候变化的角度来看，广告活动可能在某种程度上也推动了这种变化，而便利、高速、虚荣、地位和羡慕等也提供了强大的正反馈，此种变化的结果当然是街道变得更干净，以及 107 年后严重的气候危机。

接近气候临界点有点像在浓雾中走向悬崖边。你知道它就在那里，但你不知道有多接近，而当你发现要跨越它时，可能为时已晚。更具体地说，当一个地区（或整个地球）的生态或物理状态超过一个不可逆转的阈值时，就会达到气候临界点，一旦越过这个阈值，会导致更大的变化。这里的"不可逆转"一词很重要，它意味着我们或任何自然过程都无法撤销这种变化，而且它也不会自然恢复，至少在人类文明的时间尺度上不会。就算回到 1913 年，当时马车行业也已经没有办法说服纽约人放弃机动车了。

当我在 2020 年秋天写下这本书时，野火正沿着北美西部边缘肆虐。加利福尼亚州正在发生历史上第一、第三、第四、第五和第六大火灾，烧毁的森林面积超过 1.7 万平方千米，比两年前同期 8000 平方千米的纪录增加了一倍多，从而创造了新的纪录[4]。到目前为止，2020 年火灾面积涉及地区相当于洛杉矶、圣地亚哥、休斯敦、印第安纳波利斯、达拉斯、纳什维尔、孟菲斯、杰克逊维尔、俄克拉荷马城、凤凰城、圣安东尼奥、沃斯堡和路易斯维尔的面积总和。在过去的几周内，俄勒冈州有 5 个镇整体被夷为平地，受灾人口总数超过 1.15 万人。在加利福尼亚州、俄勒冈州和华盛顿州，总共有 7500 座建筑被毁，37 人死亡。[5]虽然加拿大的不列颠哥伦比亚地区很少有火灾发生，但我们正被笼罩在如世界末日般的烟雾中，据报道这些烟雾来自俄勒冈和华盛顿的火灾。如图 10-1 所示，尽管在美国总体上 2020 年不是一个特殊的火灾年（至少在我写文章时还不是）[①]，但自 1980 年以来，火灾所波及的面积大约增加了 3 倍。在地球的另一端，西伯利亚有 31.8 万平方千米的面积（大约相当于波兰的面积）被烧毁；今年早些时候，澳大利亚也有 18.6 万平方千米被烧毁，这两者都是创历史纪录的大型火灾。

---

① 2020 年美国山火燃烧面积达到约 40963 平方千米，自 1983 年美国有这项数据以来，2020 年排名第二，略低于 2015 年的 40975 平方千米。——译者注

根据美国全球变化研究计划（USGCRP）的研究结果，"变暖、干旱和虫害的增加都是由气候变化引起的，或者与气候变化有关，也使得美国西南部的野火增加，对当地居民和生态系统产生极大的影响。火灾模型也预测未来会有更多的野火发生，这对广大地区的社区来说风险正在增加"。[6] 最近的另一项研究表明，在过去 40 年里，美国加州的秋季降水减少了 30%，而平均气温上升了 1℃，导致适合野火发生的天数增加了一倍。[7] 加州和邻近各州的降水总体上并没有减少，但由于气候变化的直接影响，冬季潮湿和夏季 / 秋季干燥之间的差异正在变得更加极端。[8]

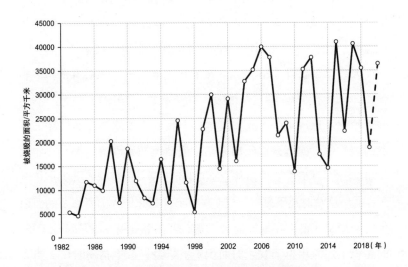

图 10-1　1983—2020 年美国野火烧毁的面积

注：虚线表示 2020 年的最终数字，在撰写本文时还没有公布。

数据来源于国家机构间防火中心，2020 年 10 月。nifc.gov/fireInfo/fireInfo_statistics.html。

我们需要考虑这个打破了多项纪录的野火年是否预示着一个临界点的来临，或者我们是否已经跨越了一个临界点。野火可以产生一些正反馈效应，引起更大的气候变化，而且野火造成的损失也是不可逆转的。火灾引起的关键正反馈效应是植物被烧毁后碳捕获能力的降低，这导致二氧化碳的浓度升高，因此增暖效果增强（如果植被烧毁之后可以迅速恢复，则可能减缓增暖）。另一个正反馈来自土壤的不稳定性，受野火影响的地区极易受到土壤侵蚀和边坡塌陷的影响，而这两种情况都会增加二氧化碳和甲烷的排放，同时也使森林更难重新生长。这些影响加剧了全球气候变化，增强了许多地区未来发生野火的可能性，仅此一点就可以将一些地区推过一个临界点。

但还有另一种可能性，即在最近遭受火灾的一些地区，森林根本不会重新生长，这就是为什么这些变化可能是不可逆转的。因为最近野火破坏的成熟的生态系统是在几十年前甚至几个世纪前生长起来的，那时的自然条件更凉爽和潮湿，适宜植物生长。它们之所以能够在目前的气候条件下生存，是因为已经有了良好的基础，但类似的植物群落很可能无法在当前气候状态下立足生长。野火还可能导致一些局部变化，使植物再生困难重重，这会使得情况更加恶化。例如，虽然大火使森林覆盖减少，这增加了反照率，并产生冷却效果，但它同时会减少蒸腾作用，又具有变暖效应。[9]

事实上，有不少证据表明，美国西部许多相对干旱地区的生态系统还在为从野火中恢复苦苦挣扎。[10]有研究人员在论文中写道："在我们研究区域内的干旱站点，过去20年的季度至年度气候条件已经超过了阈值，越来越不适合植被再生。随着火灾的严重程度提高，种子的数量在减少，火灾后再生的概率进一步降低。总之，我们的研究结果表明，气候变化与严重火灾相结合，正共同导致野火后幼苗生长的机会越来越少，并可能导致美国西部低海拔的黄松和花旗松森林出现生态系统转变。"[11]

这有可能代表了美国西部（可能还有加拿大西部）许多不同地点在不同时间出现的一系列小的临界点，它们也有可能在更大的生态系统中合并成一个重大的临界点。

过去的气候临界点

在我们开始研究其他潜在的现在和未来的临界点之前，有必要快速回顾一下过去发生的一些从一种气候状态突变为另一种状态的事件。其中之一就是在第六章中描述的大西洋盐度振荡（见图 6-5 和相关说明）。这种现象也被称为温盐环流，与大西洋表层和深层海水循环系统的变化有关。温盐环流将又暖又咸的海水从热带地区带到格陵兰岛、冰岛和欧洲大陆。当这些咸水到达遥远的北大西洋时，它在一路北上过程中不断冷却并且密度增大，到达北大西洋后下沉，到深海后又向南往低纬流动。低纬而来的暖流使西欧和北欧保持相对温暖的气候，也有助于格陵兰岛和冰岛的冰雪融化（图 10-2a）。在这种情况下，来自冰川融化的大量淡水流入北大西洋，稀释了墨西哥湾流。如果稀释的淡水足够多，盐水水团的密度就会减小。此时，即便水团的温度很低，也不会下沉，于是温盐环流会减弱，如图 10-2b 所示，这甚至可能导致环流中断。温盐环流减弱会使北方高纬度地区降温，冰川的融化也减弱，直到最终温盐环流重新建立起来。

（a）

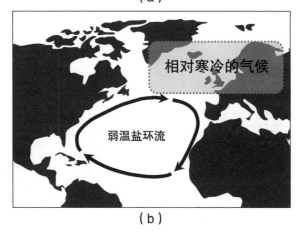

（b）

图 10-2 末次冰期北大西洋的温盐环流振荡

在末次冰期，上述温盐环流的振荡反复发生，时间尺度大约为 1500 年。例如，其中一个周期从大约 3.55 万年前开始，温盐环流加强导致格陵兰岛的温度在短短的 350 年内上升了近 7℃，随后在接下来的 1000 年里，温盐环流的减弱又导致温度出现同量级的下降。这可以看作临界点的一个代表，因为它是一种剧烈的气候变化（至少对格陵兰岛、冰岛和欧洲大陆来说如此），至少从人类的时间尺度来看，这种变化是不可逆转的。

另一个重要的气候临界点发生在 5580 万年前的古新世和始新世的交界时期，在几千年的时间里，海表面温度上升了 5~8℃ [12]，并将这一高温保持了大约 15 万年 [13]。古新世—始新世极热事件（PETM）导致了海洋微生物的大灭绝。目前还不知道具体是什么原因导致了古新世末期的温度上升，但该气候临界点的发生有这样一种可能：海底甲烷水合物沉积物开始分解并向海洋和大气排放了大量甲烷。

甲烷水合物是一种冰和甲烷的组合，其中冰分子在甲烷分子周围形成一个笼子（图 10-3）。甲烷水合物是一种固体，看起来像普通的冰，但你如果用火柴来点燃它，它就会燃烧。这是一种非常紧凑的储存甲烷的方式，当 1 立方厘米的甲烷水合物分解，可以释放出 164 立方厘米的甲烷气体。甲烷水合物目前（过去也曾）存在于海底下方的大量沉积物中。海底甲烷水合物在低水温和高压下保持稳定，但如果深海水温升高几摄氏度，它就会变得不稳定。目前，储存在海底甲烷水合物矿床中的能量比曾经生产的所有常规煤炭、石油和天然气以及它们仍在地下的所有能源加起来还要多。

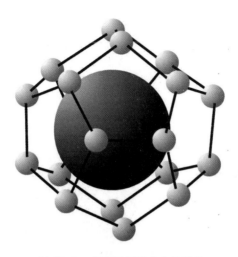

图 10-3 典型的甲烷水合物结构

注：深灰色的球体代表 1 个甲烷分子（CH_4），而较浅的球体代表水分子（H_2O）。

在极地地区的海底沉积物中数十至数百米深处，以及陆地和北冰洋近海的多年冻土沉积物中，都存在甲烷水合物。这些离岸近海水合物是在更新世冰期在陆地上形成的，后来被冰川融化后的海平面上升所淹没。[14]

在气候变化期间，深海海水升温一般需要很长时间，因此，气候科学家们预测下个世纪更深海底的甲烷水合物沉积还不会分解。另外，北冰洋浅层地区多年冻土中的甲烷水合物，还有极地地区陆地上的甲烷水合物，可能会比深海沉积物更早受到影响。事实上，现在它们确实很脆弱。

未来潜在的气候临界点

地球气候系统有很多方面都可能在未来几个世纪、几十年甚至几年内发展成临界点。图 10-4 展示了一些比较好理解的例子，后文将对此进行详细描述。

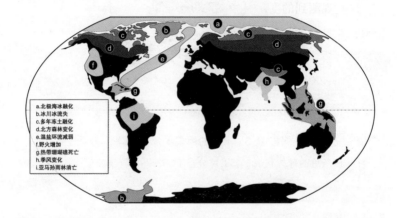

图 10-4　一些即将到来的或者可能在几十年内成为气候临界点的地区的位置

注：部分参考了 Robert McSweeny 的碳排放简报文章，以及 2020 年 2 月文章：Lenton 等人：《地球气候系统中的临界元素》，《美国科学院刊》，2020：第 105 卷：1786—1793。另外参考了波茨坦气候研究所图片，pik-potsdam.de/en/output/infodesk/tipping-elements。

北极海冰融化

北冰洋上常年漂浮着海冰，海冰面积通常在每年 9 月达到其最低值。2020 年 9 月，北极海冰的面积仅次于 2012 年的历史最低点，约为 20 世纪 80 年代末和 90 年代初的 1/2（图 10-5）。同样重要的是，冰的平均厚度也下降为 20 世纪 90 年代初的一半左右[15]，因此现在的冰量大约是 30 年前的 1/4。剩下的这些冰更薄，也越来越容易融化。[16] 换言之，我们正接近北极海冰系统的一个临界点，即从数万年来一直全年都有海冰的状态到没有海冰的状态。

这些观测到的变化已经对北极的气候和生态系统产生了重大影响，并且对地球其他地区的影响也越来越大。根据剑桥大学气候科学家彼得·沃德姆斯（Peter Wadhams）的说法，所谓的北极"死亡螺旋"[17]有一些重大的影响，例如：

● 海冰融化最显著的影响是反照率效应，因为开放的水域可以比冰雪吸收更多的太阳能量，导致了区域（北极）和全球温度上升。

● 多年冻土中储存着大量的甲烷和二氧化碳，主要分布在北极的陆地以及末次冰期结束时所淹没的海底地区。随着北极温度的上升，这些温室气体被释放到大气中，导致各地增暖加剧。

● 由于局地升温，格陵兰岛和许多北极岛屿上的冰川正在加速融化，导致了与反照率有关的增暖，释放温室气体，当然，也引起了海平面上升。

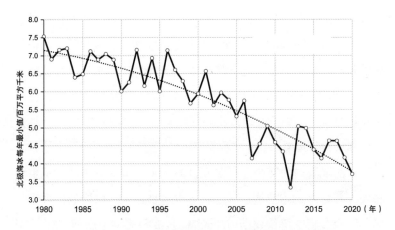

图 10-5　1980—2020 年北冰洋 9 月的海冰面积范围

注：虚线是对数据的二阶多项式曲线拟合。

根据科罗拉多大学博尔德分校国家冰雪数据中心的数据。nsidc.org/data/seaice_index/archives。

● 由于温度升高和开放水域的面积增大，北极大气中的水汽比正常情况下更多。又因为水汽是一种温室气体，这就导致了变暖的正反馈。

● 北极陆地的升温导致了北极河流的增暖，这些河流汇入北冰洋的同时也为海洋带来了额外的热量。

北极海冰减少对下文将讨论的其他一些潜在的临界点有重大影响，特别是影响格陵兰岛上的冰融化，以及北极地区陆地和西伯利亚一侧的北冰洋浅海海底的永冻层的稳定性。

伦顿（Lenton）[①]和其他研究者预测，北极海冰损失的临界点在全球变暖 0.5~2℃之间。[18] 由于工业革命后全球变暖幅度目前已经超过 1℃，所以我们要么已经超过了这一临界点，要么可能在下一个 10 年或 20 年内达到临界点。

格陵兰岛和南极洲西部冰川融化

气候变暖已经导致格陵兰岛和南极洲的冰川体积显著减小，而且有迹象表明，未来这些地区的冰损失速度可能会迅速加快。如图 10-6 所示，格陵兰岛的总冰量在 1972—1986 年并未出现很明显的变化，但是在 1986—2018 年这 32 年间出现了十分显著的下降。特别是在 2000 年之后，损失的质量大约有 1.5 万亿吨，比伊利湖[②]容积的 3 倍还多。

在这一时期，南极洲地区的冰损失达到大约 5 万亿吨[19]，其中几乎一半都来自南极洲西部冰原，尽管这片区域占南极洲面积不到 20%。

表层的融化正造成格陵兰岛和南极洲西部的冰盖质量损失，这占格陵兰岛总质量损失的 34%，占南极洲西部总质量损失的 10%。造成冰质量损失的主要原因是冰川不断流入海洋，特别是对于南极洲西部地区而言。格陵兰岛和南极洲冰川流动增强有两个

---

① 蒂姆·伦顿，英国埃克塞特大学气候变化和地球系统科学教授，在生命 - 地球耦合进化、气候临界点、数值模拟等方面有多项重要工作，荣获 2013 年英国皇家学会欧胜研究优秀奖，出版图书《极简地球系统科学》（*Earth System Science a Very Short Introduction*，剑桥大学出版社）、《创造地球的革命》（*Revolutions That Made the Earth*，剑桥大学出版社）。——译者注

② 北美五大湖的第四大湖。——译者注

主要原因：第一，融化的水从冰表面流到冰与岩石的界面，成为冰川流动的润滑剂；第二，相对温暖的海水使水下冰川的前侧部分融化，加速了冰的前进。同时，与冰川前部相邻的浮动冰架融化和崩塌也促进了冰川的前进。

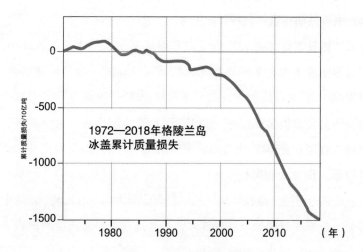

图 10-6　1972—2018 年格陵兰岛冰盖质量的累计变化（1GT=10^{12} 千克，10 亿吨）

注：引自 Mouginot, J. 等人：《1972—2018 年 46 年间陵兰冰盖收支变化》，《美国科学院刊》，2019，第 116 卷，9239-9244。

格陵兰岛和南极洲西部冰川快速融化的主要影响是导致海平面上升。尽管目前的上升速度仍然很小，每年只有几毫米，但几乎可以肯定，在未来几十年里，海平面将大幅上升。正如前文提到的，格陵兰岛的冰融化对墨西哥湾流有稀释作用，并随之发生大西洋温盐环流减弱等后续影响。

多年冻土的融化和失稳

巴塔盖卡深坑①是西伯利亚雅库特地区的一个巨大深坑，深达60米，面积相当于111个足球场（78万平方米），并且还在增大，每年增加的面积大约相当于3个足球场。20世纪60年代，周围地区砍伐树木，这个坑开始形成，导致多年冻土开始消融，现在已经没有办法阻止这一进程。[20]这些正在融化的多年冻土碳含量非常丰富，而且正将二氧化碳和甲烷释放到大气中。

多年冻土存在于高纬度或高海拔的非冰川地区，这些地区的年平均温度一直低于0℃。冻土持续存在两年以上就被称为多年冻土，不过大多数多年冻土至少在末次冰消期前（约1.2万年前）就已经存在了。北半球约有25%的土地存在多年冻土，主要集中在俄罗斯、加拿大和阿拉斯加的北极地区。青藏高原和邻近的喜马拉雅山脉也有大片的多年冻土地区，北半球其他山脉也有小块的多年冻土地区存在。

巴塔盖卡深坑是多年冻土崩溃和解体最引人注目的例子，其实在北极地区还有成千上万的类似地点，只不过这些地方的多年冻土仅是融化而没有崩溃。据估计，构成多年冻土的土壤所含的碳是目前大气中碳含量的两倍[21]，虽然这些碳需要几个世纪的时间才能释放出来，但其分解的速度正在加快，而且可以引起其他的正反馈过程，比如温室气体浓度升高和冻土融化地区的反照率下降。此外，北极地区变暖的速度比世界上大多数地区都快，部分原因就是北极海冰的减少。[22]

---

① 当地人称其为"地狱之门"。——译者注

即使在寒冷的更新世时期，西伯利亚也存在很大一片地区没有被冰川覆盖，而现在这些陆地中有一部分已经被北冰洋淹没，因为冰川融化已经导致海平面上升100多米。东西伯利亚海的大部分地区水深不足50米，其底部都曾经是陆地上的多年冻土。有证据表明，这些地区已经有大量的甲烷释放[23]，可能是因为现在其海底温度比以前的陆地温度高。

北方森林的变化

按面积计算的话，北方森林（或者在欧洲和亚洲被称作泰加林）占世界森林总面积的29%，在生物固碳中占很大比例。如图10-4所示，北方森林有两大部分：一部分横跨整个俄罗斯北部一直到斯堪的纳维亚半岛，另一部分横跨整个加拿大北部一直到阿拉斯加。北方森林以针叶树（特别是云杉、松树和落叶松）为主，还包括一些落叶树（特别是桦树）。北方森林和多年冻土区存在很大的空间重叠，在北方森林的较北部有广泛的多年冻土。

由于北半球高纬度地区比地球其他地区升温更快，北方森林正日益受到温度上升的影响。由于高温和干旱，该生物群落[24]的南部边缘正面临顶梢枯死①的风险，野火的危害也成为日益严重的问题。[25]在北部地区，灌木植被正向苔原地区进军。从气候的角度来看，这种沿着北部边缘的变绿并不是一个积极的变化，因为它使这些地区的地表颜色比以前更深，从而吸收了更多的热量，导致气候变暖和多年冻土退化加重。

---

① 植物从顶梢开始逐渐向下枯死的现象，一般是由于疾病或环境因素等引起的。——译者注

根据伦顿及其合作者的研究，全球温度上升导致北方森林枯死的阈值是 3℃，尽管这一数字仍有很大的不确定性[26]，但越来越多的野火活动可能会起到加速作用。

墨西哥湾流减弱

正如在前面"过去的气候临界点"那节所描述的，大西洋的温盐环流为欧洲西北部带来温暖，其强度与下沉和返回流有关，即又冷又咸的海水在北大西洋高纬地区下沉，并在深处返回向南流动。这个环流系统在过去曾多次减弱中断，其可能的机制（至少是部分机制）就是格陵兰岛和加拿大北部大量的冰川融化，导致海水被稀释。

有多种证据表明，温盐环流可能很快就会走到临界点。例如，北大西洋海水正在冷却（见图 6-6 和相关说明）；格陵兰岛的冰加速融化，增加了北大西洋的淡水输入；北大西洋的盐度有明显下降[27]。

伦顿及其合作者认为，温盐环流将在本世纪达到临界点。[28] 当这种情况发生时，西欧将出现降温，不过从全球平均来看，这可能会被其他地方的升温所抵消。

野火增加

图 10-1 表明，在过去 40 年中，美国野火燃烧影响的面积明显增加，已经从 20 世纪 80 年代和 90 年代的约 1.2 万平方千米，增加到本世纪头十年的约 2.5 万平方千米，再到过去十年的约 3 万

平方千米 [29]。如前所述，在过去几十年里，加拿大的野火燃烧面积也在增加。[30]

正如本章开头所述，有证据表明，北美西部的一些地区已经越过了临界点，在那里，几十年前形成的植物群落之所以能在当前的气候条件下持续生存，只是因为它们已经发育成熟。一旦它们经历过火烧，几乎不可能重新生长。这些局部的临界点正在对气候变暖起到反馈作用，进而引发火灾和触发其他地区的临界点。因此，在未来几十年内，北美洲大部分地区的面貌将大为不同。

出于失控的火灾活动的原因，不仅是北美地区正以这种方式发生变化，类似的情节也在澳大利亚、俄罗斯、印度尼西亚和亚马孙等地区上演。[31]

正在消亡的热带珊瑚礁

当水温超过珊瑚的耐受范围，珊瑚结构与生活在其组织内的藻类生物（虫黄藻）之间的共生关系就会破裂，这会对热带珊瑚造成损害。其结果是珊瑚白化甚至死亡，对生态系统产生巨大影响。

如图 10-7 所示，近几十年来，珊瑚礁白化现象明显增加。在第一时期（1980—1995 年），严重的白化现象（影响到某个地区 30% 以上的珊瑚）仅限于厄尔尼诺年，并且受影响的地区从未超过所研究地点总体的 25%。然而在随后的时间里（1996—2016 年），非厄尔尼诺年也有严重的白化现象发生，某些年份中超过 30% 的站点受到影响，在最近的研究年份（2016 年）几乎有 50% 的站点受到影响。如图 10-7 所示，泰瑞·休斯（Terry Hughes）最近指出，2017 年和 2020 年也有范围很广的地区出现了严重白化现象，后者的程度仅次于 2016 年。[32] 然而 2017 年和 2020 年也都不是厄尔尼诺年。

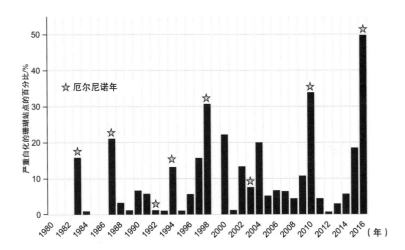

图 10-7　1980—2016 年在热带印度洋、太平洋和大西洋有严重白化的珊瑚站点的百分比

注：根据印度洋、太平洋和大西洋 100 个站点的数据。

数据来源于泰瑞·休斯（Hughes, T.）等人的论文《人类世珊瑚大规模白化的空间和时间分布》，《科学》，2018 年，卷 359，80-83 页。

人们非常担心珊瑚礁群落正在接近一个临界点。2018 年 IPCC 的一份报告指出：

"当温度升高 1.2℃时，热带暖水区的珊瑚礁受影响的风险非常高。现有的大多数证据表明，在这一温度或更高的温度下，以珊瑚为主的生态系统将不复存在（高可信度）。在这种情况下，许多地区的珊瑚数量将接近零。同时风暴也将造成珊瑚礁的三维结构损坏，变得'扁平化'，这种变化是不可逆的，正如在一些珊瑚礁已观察到的那样。"[33]

1950—2020 年，全球气温已经上升了 1.0℃，预计到 2030 年可能会超过 1.2℃。珊瑚礁对热带海洋生态系统至关重要，其衰退将产生深远的影响。同时它们也是碳封存的关键场所，因此任何珊瑚礁系统生产力的下降都会对全球气候产生影响。

季风形态的转变

简单来说，季风是一种区域性的环流形式。夏季，陆地表面在太阳辐射的加热作用下快速增暖，而附近的海洋表面则保持相对凉爽。这导致陆地上的空气上升，周围海洋上的湿空气则补充吹向陆地，带来降水增加。最著名的例子就是南亚季风，每年的 6 月到 9 月，它都影响巴基斯坦、印度、孟加拉国以及南亚的其他国家。季风降水占印度年降水总量的约 80%，因此季风气候对印度和其周边国家的繁荣发展至关重要。

虽然预计气候变暖会加强南亚季风（因为陆地表面的变暖速度比海洋快，而且一般来说温度上升后空气中的水汽含量更多），但有证据表明，自 1950 年以来，印度的降雨量下降了约 10%。一种可能的解释是，空气污染导致陆地降温，使陆地和海洋之间的温差减小，进而造成季风减弱。[34] 尽管到达南亚季风的临界点可能还要几十年，但这个问题很重要，因为南亚人口密集，太多人都可能受到影响。

亚马孙雨林消亡

像许多森林一样，亚马孙雨林是自生自灭（自给自足）的生长方式。该地区 30% 以上的降水是植被蒸腾作用产生的循环水，因此，任何森林覆盖率的损失都会导致降水的减少，这可能会演变成生态系统的重大变化。据预测，当全球平均温度上升 3~4℃时，亚马孙雨林将出现顶梢枯死，这是因为全球变暖将导致厄尔尼诺循环的变化，使得该地区变得极其干燥。[35] 尽管在最坏的气候情况下，全球平均增暖 3~4℃也要等上几十年，在最乐观的气候情况下，可能一个世纪后也达不到[36]，但有两个关键因素可能加速临界点的到来。一种是蓄意砍伐毁林，近年来这种情况越来越严重；另一种是野火，部分原因是区域变暖和干旱，但也与毁林有关，因为大部分人为毁林是通过燃烧来实现的。

小结

表 10–1 列出了上述 9 个临界点，概述了这些临界点可能对区域和全球产生的影响，并给出了这些临界点的可能时间表。很明显，北极海冰融化、北美西部与野火有关的生物群落变化以及热带珊瑚礁死亡的临界点可能已经很快到达了（甚至可能已经到达了），而到达其他临界点可能还需几十年或几个世纪。

一些临界点可能只对区域产生影响，但其他临界点可能影响全球范围的气候，并导致我们进入失控的气候变化状态。例如，可能仅多年冻土融化就能产生广泛的影响，而其他临界过程如果是某链式反应的一部分，也可能达到这种程度，因为链式反应中一部分的变化可能引起其他部分的剧烈反应。

表 10-1　一些重要临界点及其对区域和全球的影响，以及可能的时间

临界点	区域影响	全球影响	时间尺度
北极海冰融化	气候变暖、冰川和多年冻土融化	温室气体增加、气候变暖	可能已经开始（存疑）
冰川融化	较小	海平面上升	几十年
多年冻土融化	生物群落变化	温室气体增加、气候变暖	十几年
北方森林变化	生物群落变化	温室气体增加、气候变暖	几十年
墨西哥湾流减弱	欧洲变冷	气候变暖（存疑）	十几年
野火增加	生物群落变化、降水减少	温室气体增加、气候变暖	可能已经开始（存疑）
热带珊瑚礁消亡	海洋生物群落变化	温室气体增加、气候变暖	可能已经开始（存疑）
亚洲季风转变	生物群落/农业变化	较为有限	十几年
亚马孙雨林消亡	生物群落变化	温室气体增加、气候变暖	十几年

假设你被困在高原上，眼前雾气弥漫，你几乎看不到面前的事物，甚至都看不见自己的手。你知道自己接近悬崖边缘，但不知道究竟有多近，如果跌落悬崖，你可能会死，或者跌下去卡在中间某处，那样情况也非常糟糕，既无法退回原地，受伤了也没有人来救援。此时你必须作出选择：继续漫无目的地游荡，祈祷有奇迹发生得到好的结果；还是停下来，等待雾气散去。我认为，

选择非常明确，但你必须立即就作出决定。

与刚才的假设类似，我们现在已经使地球非常接近一个气候临界点。只是我们不知道有多接近，因为这对我们来说是新的领域。我们可以继续跌跌撞撞，企盼得到最好的结果，也可以作出一些重大的改变，把人类从毁灭的边缘拉回来。当然，决定大幅改变我们的生活方式要比决定停止在悬崖边的大雾中瞎逛复杂得多。但在这两种情况下，作出错误决定的后果都是可怕的：前者是一个人面临从悬崖上坠落的危险；后者是整个文明（以及自然界的大部分）面临崩溃。选择是明确的，我们必须现在就作出选择。

第十一章

怎么办？

"我们面对的问题是人为造成的。因此，它们可以由人来解决。人类命运的任何问题都无法逾越人类。"

——约翰·肯尼迪，1963 年 6 月 10 日在华盛顿特区美国大学发表
题为《走向和平战略》的演讲摘录

肯尼迪总统在 1963 年谈论的是和平，而不是气候变化，但传达的信息是一样的。我们把自己弄进了这个烂摊子，如果我们全心全意投入解决问题，就能解救自己。肯尼迪总统如果再活 30 年或 40 年，我想他会支持采取严厉的措施，以解决气候变化问题。我们都需要站在一起，因为我们如果不尽快采取认真行动，后果将变得越来越具有破坏性和致命性，并且代价非常惨重。

那么，身处迷雾之中，我们需要做什么才能避免跌落悬崖？要回答这个问题，首先需要了解，目前我们的哪些行为是导致问题的重要因素。在这一章中，我一直强调"我们"，因为这是我们每个人的问题。我们不能全部责怪政府、其他国家、公司、农民，或者其他人。我们自己如果都不愿作出重要（当然是困难的）的改变，就不能指望其他人付诸行动。我们也不能像蹒跚学步的小孩子一样，说："如果他们不改变，我为什么要改变呢？"

虽然"我们"都需要对气候变化承担个人责任，但政府在解决这个问题上同样起着关键作用。其作用包括首先承认我们面临这样的问题，设定积极的短期和长期气候目标，通过制定激励措施，帮助消费者作出对气候友好的选择，以及通过立法推动企业减少排放，开发气候友好型产品，并停止那些试图强迫消费者作出不利于气候的决策的企图。

问题的根源

图 11-1 展示了引起气候变化的温室气体来源，主要的罪魁祸首当然是二氧化碳（占 56%），我们生活中排放二氧化碳的活动如下：

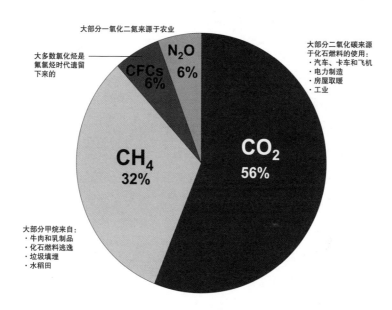

大部分一氧化二氮来源于农业

大多数氯化烃是氟氯烃时代遗留下来的

N₂O 6%

CFCs 6%

大部分二氧化碳来源于化石燃料的使用：
·汽车、卡车和飞机
·电力制造
·房屋取暖
·工业

CH₄ 32%

CO₂ 56%

大部分甲烷来自：
·牛肉和乳制品
·化石燃料逃逸
·垃圾填埋
·水稻田

图 11-1　主要温室气体对气候变化的贡献及其来源

注：摘自《气候变化 2013：自然科学基础》，IPCC，2013 年。政府间气候变化专门委员会第五次评估报告第一工作组报告，剑桥大学出版社。

- 驾车和乘坐飞机

- 制造商品，并用轮船、卡车和飞机运输

- 用煤炭和天然气发电（用于空调和取暖、烧水、照明，以

及你可以想到的任何家用电器）

- 建筑物取暖
- 工业生产制造过程（例如：用煤炼钢，或用天然气制氮肥）

以上这些因素在二氧化碳排放中的比例因地而异——主要取决于我们的发电方式，并且因人而异——取决于我们各自的生活方式。

第二个主要的温室气体是甲烷（占 32%）。正如我们在图 11-1 中看到的，大部分的人为源甲烷排放来自牛[1]，因此我们对牛肉和奶制品的大量消耗是一个大问题。在化石燃料的生产和加工过程中，大量甲烷是意外（或不小心）释放的。有些甲烷来自垃圾填埋场和污水，其余大部分来自湿地的水稻种植。

卤代烃是诸如氯氟烃（CFCs）这样的气体[2]。尽管对氯氟烃的排放和使用在 1989 年《蒙特利尔议定书》之后已经显著下降，但它们是长寿命的分子，在低层大气中仍然有大量的剩余物，可导致约 6% 的变暖。

一氧化二氮（N_2O）[3]贡献了 6% 的变暖。它主要来自农业生产，特别是来自施肥（包括草坪和高尔夫球场）和肥料生产，还有一部分来自化石燃料燃烧。

在温室气体引起的变暖中，总共 88% 是由二氧化碳和甲烷引起的，因此，为了使气候变化处于可控范围之内，我们需要关注排放这些气体的人类活动。

减少二氧化碳排放

如上所述,我们(或代表我们)排放的大部分二氧化碳都与运输、发电、供暖以及制造业有关。以下是控制这些排放的一些有效策略。

交通运输

交通排第一位。作为选择的主体,这是我们可以产生最大影响的方面。最关键的选择是我们可以决定如何从一个地方去另一个地方,我们可以选择步行、骑自行车或者乘坐公共汽车,但我们大多数人甚至没有想过这个问题,只是上了车就开车。对于铁了心要开车(或者只能开车)的人而言,我们的选择可以归结为:开什么车,多久开一次车,甚至把车开多快。

到目前为止,在开什么车这方面我们做得并不好。2019年,美国最畅销的交通工具是皮卡(福特猛禽 F-150),销量排名第二的是另一款皮卡(雪佛兰索罗德),排名第三的(你猜对了)还是皮卡(道奇公羊)[4]。小型轿车只占销售额的 10%。加拿大的情况也好不到哪里去,2019年 SUV 和皮卡的销量与中小型轿车的销量比为 3:1。[5]

但还是有希望改变这一形势的,并且这一改变很快就将到来。如图 11-2 所示,现在电动汽车的销量在几个国家相当高,尤其是挪威、冰岛、荷兰和瑞典(以及美国加利福尼亚州,占 2019年销量的 8%[6])。是的!电动皮卡也正在上市。

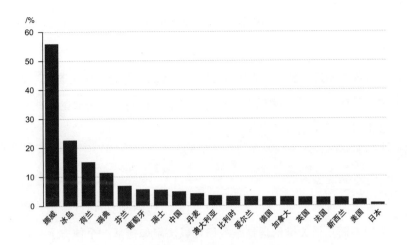

图 11-2　2019 年部分国家电动汽车占新车销量的比例

注：数据基于维基百科《各国电动汽车使用情况》。

　　实际上，在挪威，电动汽车销量占新车销量的比例达到 65%，已经达到了电动汽车替代的临界点，就像纽约在 1910 年汽车替代马车一样（见第十章）。能取得这一成就，得益于挪威采取了一系列广受欢迎的激励措施，包括：

- 对电动汽车不征收年度道路税
- 渡轮票价减半
- 停车费至少节省 50%
- 可使用公交车道
- 企业车辆税减免降至 40%
- 无购置税或进口税
- 免征 25% 的增值税 [7]

制定这些激励措施，是为了使挪威能够履行其对 2015 年《巴黎协定》的承诺，这是政府采取重大变革举措的一个例子，以鼓励公民个人作出改变。激励措施就像气候驱动力一样，其反馈是更低的运营和维护成本，还有更好的社会形象。

在挪威、冰岛和瑞典，使用电动汽车还有一个额外的优势，因为这些国家几乎所有的电力都是由非化石燃料生产的。荷兰和葡萄牙的情况有所不同，其大部分电力都是使用天然气和煤炭生产的，但电动汽车的日益普及仍然是朝着正确方向迈出的一大步。

继续驾驶化石燃料汽车的借口正在迅速消失。电动汽车的续航越来越好，价格还在降低（特别是许多国家和地区提供慷慨的激励措施），并且充电基础设施一直在改善。一些国家和州／省已经对非电动汽车的销售设定了最后期限，德国、爱尔兰、荷兰以及挪威将在 2025 年之后禁止燃油汽车的新车销售，英国、印度和以色列的期限为 2030 年，加拿大、西班牙和法国的期限是 2040 年。加利福尼亚州和魁北克省的禁令将于 2035 年生效。[8]

我们开车的频率、距离和速度也都有不同类型的选择。受新冠病毒感染的影响（在下文中会讨论），许多人没有其他选择，只能每天开车上班，因为没有可行的公共交通工具，但我们大多数人确实可以选择其他出行类型。事实上，在美国，只有 15% 的日常出行是出于通勤目的，而 45% 是出于购物，27% 是为了社交和娱乐。[9]我们可以作出更好的选择，包括短途的步行或者骑行、选择公共交通、仔细规划和组合出行，以及重新考虑是否要进行一些随意的开车出行。

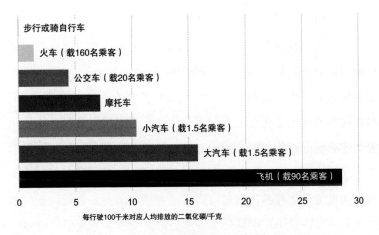

步行或骑自行车
火车（载160名乘客）
公交车（载20名乘客）
摩托车
小汽车（载1.5名乘客）
大汽车（载1.5名乘客）
飞机（载90名乘客）

每行驶100千米对应人均排放的二氧化碳/千克

图 11-3　不同交通方式对应的二氧化碳排放量

注：根据欧洲环境署的数据，eea.europa.eu/media/infographics/co2 –emissions–from–passenger–transport/view，于 2020 年 10 月访问。

对于长途旅行，许多北美人会在驾车和乘飞机之间作选择，在某些地区，火车只是第三种选择，但在欧洲和亚洲部分地区火车出行更多，因为许多火车的速度足以与航空旅行竞争。图 11-3 概述了不同交通方式对温室气体的影响。图中所有柱状图的长度取决于多种影响因子，例如交通工具的大小和类型、使用的燃料、行驶速度，当然，还有多少人乘坐。对于航空旅行而言，如果是多航段旅程，每个航段的长度也很重要，因为起飞比在高空巡航需要更多的燃料。图 11-3 中标明的乘客数量是基于正常的载客率，实际载客率可能差异巨大，越接近满载，效率越高。

从气候角度来看，图 11-3 给了我们这样的总体信息：坐火车或公共汽车是比开车更好的选择，而开车通常比坐飞机更好。当然，飞机可能是许多洲际旅行者的唯一选择。

发电和供暖

除了游说政府和电力公司，我们对电力的生产方式几乎没有控制权。但是我们中的一些人可以选择通过自己发电来把主动权掌握在自己手中。实现这一目标的条件从未像现在这样有利，而且还将继续改善。在北美的大多数行政辖区，住宅太阳能光伏装置[10]的平准化能源成本（LCOE）[1]大幅降低，现在与从电网购买电力的成本相当，甚至更低，这甚至适用于大多数太阳能资源不太理想的地方，如纽约或温哥华。未来几年，几乎可以肯定，电网的电力成本会继续上升，而太阳能的平准化能源成本会继续下降。

我们确实可以控制自己的用电量，在这方面，我们要聚焦于几个系统：取暖、制冷、热水和家用电器（特别是洗涤和烘干衣物）。

从气候的角度来看，用电取暖通常比天然气或石油更可取，但如果使用的电来自化石燃料发电，则没有多大帮助。使用热泵进行电采暖的效率大约是使用踢脚线电暖气的3倍，因此，无论您的电是如何产生的，用热泵进行电采暖都有帮助，还能为您省钱。

最重要的一点，避免不必要的过度取暖或制冷，这包括在冬季将温度调节器调低几摄氏度，在夏季调高几摄氏度，不加热或制冷不使用的房间，以及在房屋空置时不加热或制冷。打开或关闭百叶窗，让阳光进入或遮挡阳光，也会有所帮助。如果可以选择，还可以种植遮阴树，树木还具有固碳的额外好处。

洗衣机和滚筒式干衣机是两种最重要的家电，将人们（尤其是女性）从家务劳动的苦差事中解放出来，但它们也使我们更容易

---

① 根据项目生命周期内的总成本和发电量计算得到的发电成本。——译者注

将衣服扔进洗衣房，而不是把衣服先放好再穿几次。这也许让生活大大简便，但对环境和气候变化而言却是个问题。

要降低热水带来的气候成本（和其他成本），可以用冷水洗衣服，洗碗机满了才运行，以及缩短淋浴时间，这些都是好方法。

制造业

制造我们喜欢的东西需要农业、采矿（或化石燃料的提取）、制造、包装和运输。所有这些步骤都需要能源，其中大部分能源会产生温室气体。英国巴斯大学的克雷格·琼斯（Craig Jones）和杰弗里·哈蒙德（Geoffrey Hammond）创建了一个数据库，对与各种材料相关的重要温室气体排放进行编目，这些材料最终出现在我们购买（和建造）的东西中。可以利用这份"碳和能源清单"[11]来确定我们制造产品的温室气体排放量，以及使用它们时的排放量。图11-4中提供了一些常见家用电器的示例。当然，这些只是估算，因为光笔记本电脑和冰箱就有数百种不同类型，它们在不同的地方以不同的方式制造，然后被用于不同区域，这些区域的发电类型差别很大。但重要的一点是，各种类型的电器都包含两种碳排放的组合：隐含碳排放（来自资源开采和制造过程的碳排放）和使用碳排放。往往电子设备使用碳排放相对较小，但具有较高的隐含碳排放。白色家电的制造业并不是排放密集型的，但它们在日常使用中的排放量更高。

图11-4中的信息表明，你如果想减少温室气体排放，请不要频繁更换电脑或手机。你如果想减少洗衣机或洗碗机的排放，请尽量少用。

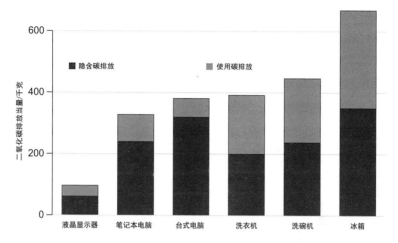

图 11-4　不同家用电器全生命期的二氧化碳排放量

注：引自 Gonzalez, A. 等人：《我们所不知道的电子产品、家电和灯泡的隐含能耗和温室气体排放》,《夏季建筑物能源效率研究》, 美国节能经济委员会, 2012 年出版, 第 140-150 页。二氧化碳当量排放量需基于当地的制造业和使用情况, 图中数据适用于大部分电力来自天然气燃烧发电的区域。

减少甲烷排放

我们的大部分甲烷排放来自食物生产（51%）, 提炼和加工化石燃料（29%）, 以及垃圾填埋场和污水（20%）。[12]

食物

为了控制与食物相关的排放, 显然我们需要仔细研究自己吃的东西。图 11-5 提供了对各种食品的温室气体排放量的估值, 包括土地利用变化、食品加工本身（例如机械加工、化学品）、动物饲料、加工、运输、包装和零售的排放。虽然以二氧化碳当量来度量，但这些食品的大部分温室气体排放都是以甲烷的形式存在的。

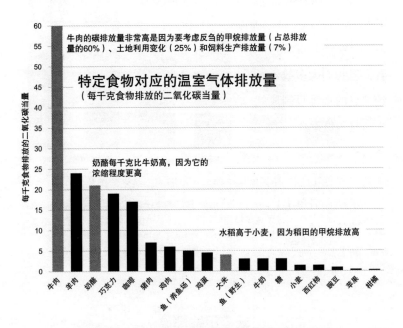

图 11-5　生产各种类型食物的温室气体排放量

注：根据 Hannah Ritchie 的图表，"食物选择与当地饮食"，Our World in Data，2020 年 1 月 24 日。

牛肉无疑是温室气体排放的最大贡献者，每生产 1 千克牛肉，就排放 60 千克当量的二氧化碳。其中大部分（60%）是牛瘤胃中产生的甲烷，25% 来自森林到牧场的转化（因为草地对 CO_2 的吸收低于森林），7% 来自谷物和其他饲料的生产，5% 来自加工，4% 来自运输和包装。

虽然绵羊也是反刍动物，但羔羊和羊肉的温室气体排放量不如牛肉，因为它们对土地利用的影响要低得多，绵羊也不像牛那样"气大"（打嗝儿和放屁）。肉食的最佳选择是猪肉、鸡肉和鱼类，它们的温室气体排放量约为牛肉的 1/10。

就单位质量而言，咖啡和巧克力也是相当大的温室气体贡献者，但我们大多数人日常不会消耗很多。一杯普通的咖啡是用大约 7 克的咖啡豆制成的，你一天得喝 480 杯这样的咖啡，才能产生与吃一份正常（100 克）牛肉一样多的二氧化碳。奶酪在温室气体清单上名列前茅，因为它大部分来自奶牛，而且它比牛奶高得多，因为制作 1 千克奶酪大约需要 10 千克牛奶。

水稻在名单上比小麦高，因为它主要生长在排放甲烷的水田里。即使这样，一份大米产生的排放量大约也只是一份牛肉（100克）的 4%。

化石燃料的逃逸排放

化石燃料生产过程的许多节点都会产生大量的废气（主要是甲烷）。煤矿采掘时会释放甲烷；甲烷也在油井中和石油一起产生（可能被捕获，也可能不被捕获，也可能被燃烧[13]）；甲烷也会在不经意或不小心的情况下从天然气井中释放出来；甲烷也会因炼油厂、管道、烧油和烧气的机器泄漏而释放。泄漏量只占化石燃料产量的百分之几[14]，但这意味着巨大的甲烷量。这会引起严重的问题，因为甲烷是一种强温室气体，其强度是捕获和使用这些甲烷后产生的二氧化碳的 25~30 倍。

对我们来说，减少甲烷逃逸排放的最佳途径是大幅减少化石燃料的消耗，但是在我们努力把化石燃料的使用降至接近零的过程中，必须采取一些步骤。在大多数情况下，这些都不是我们个人可以做的事情，但我们可以向政府施压，要求其收紧逃逸性气体法规，并向化石燃料公司施压，要求其要么更加努力地检测泄漏，及时修复泄漏的设备，捕获本来会被丢弃或燃烧的气体，要么将其重新注入储层，或用来发电，或者把它运到可以使用的地方。

垃圾填埋和污水

随着垃圾填埋场的废物分解，它会排放一系列副产品，包括甲烷和二氧化碳。这些气体向地表转移，除非有适当的措施来防止，否则它们会逃逸到大气中。许多现代垃圾填埋场在不再填埋的部分覆有不透气的覆盖层，还有气井以有利于气体的释放。这些气体要么被燃烧，将甲烷转化为二氧化碳，要么会被转移到可用于产生热量或电力的设施中。

污水处理厂也会产生甲烷，在这种情况下，甲烷可以相对容易地被捕获，并用于产生热量和/或电力来运行工厂。

虽然来自垃圾填埋场的甲烷可以被捕获和利用，但即使在设计最好的运营中，其中大部分也损失了。何况许多垃圾填埋场没有采取任何措施来防止其释放。通过减少我们制造的垃圾量，我们都可以贡献一份力量。可以尽可能多地进行垃圾回收利用，特别是通过移除垃圾填埋场中产生甲烷的有机废物，来帮助减少甲烷排放。这可以通过减少食物浪费来实现（越少越好！），在家里进行堆肥（甚至可以在公寓楼中完成），并利用市政当局越来越大的努力措施，以收集有机废物并在大型堆肥设施中进行处理。

总而言之，在大幅减少温室气体排放方面，我们所有人都可以发挥作用。我们的首要目标是少开车，多步行和骑行，使用公共交通工具，并更仔细地计划我们的旅行。如果我们必须开车，那么它应该是电动汽车。

我们中只有一小部分人经常飞行，但那些人确实对气候有重大影响。最近对航空旅行的分析显示，2018 年有 89% 的人口没有飞去任何地方，而全球 1% 的人口对航空旅行 50% 以上的排放量负有责任 [15]。事实上，许多（是许多，而不是全部）生活在富裕国家的人也不怎么坐飞机，这一事实充分表明，对于绝大多数人来说，真的没有必要到处飞，这是一种我们不需要也负担不起的放纵。

建筑物使用大量能源，部分原因是许多建筑物太大了但并不节能，并且没有节能的或气候友好的供暖和制冷系统。改变这一状况将是非常缓慢的，但在这一过程中，我们都可以通过最大限度地减少供暖和制冷需求来，从而提供支持。

最后，吃什么也会对气候产生重大影响。我们大多数人需要少吃肉，尤其是少吃牛肉 ①。

很明显，我们都需要对自己做事的方式作出一些改变，我们需要停止拖延，不要等出现了危机、信号、激励或法律才开始行动。气候危机已经来临，并且随着时间的推移，每年变得越来越明显。它正在对数十亿人造成负面影响，并使各地的生态系统陷入压力之中。为了作出改变，个人需要付出真实的成本，但与不作出改

---

① 根据中国营养学会《中国居民膳食指南（2022）》，建议优先选择水产品，少吃肥肉、烟熏和腌制的肉制品。——译者注

变的社会成本相比，这些成本相形见绌。如果我们继续拖延，这种不平衡将继续恶化。未能作出改变造成的经济代价，已经以让我们瞠目结舌的数字来衡量了，如果我们不采取行动，这些成本还将呈指数级增长。正如我的朋友林恩·夸姆比（Lynne Quarmby）所写的那样："如果我们继续一切照旧，事情会变得非常糟糕，而如果我们尽快摆脱化石燃料，事情可能也会变得很糟糕，但这两种糟糕之间可是有着巨大差距的鸿沟。"[16]

2019 新冠病毒感染的气候影响

当我在 2020 年晚些时候写这篇文章时，许多国家正处于第二波新冠病毒感染大流行之中。它比第一波严重得多，并且由于大多数国家的病例数仍然呈上升趋势，因此在好转之前，它看起来可能会变得更糟。卫生、社会、商业、民主和教育系统严重受阻，酒店大多空无一人，几乎所有的游轮都停靠在码头，数以万计的商用飞机停飞。

虽然对许多人来说，这是困难时期，但从气候变化的角度来看，新冠病毒感染疫情带来的限制可能还有点儿好处。许多办公室员工都居家办公（尽管很遗憾，许多人完全失去了工作），许多学校和大学都改为网上教学，因此道路交通运输量减少，尤其是在交通工具以私家车为主的国家，比如美国和加拿大。

美国交通部联邦公路管理局对美国公路上机动车行驶的总距离进行监控，根据 2020 年和 2019 年的数字，如图 11-6 所示，

2020年1月和2月,美国的公路与往常一样繁忙,但3、4和5月的交通运输量与2019年同期相比大幅下降,4月的交通运输量最低,为"正常"的60%。交通运输量在6、7、8和9月恢复到正常水平的90%左右。从2020年3月到9月,与2019年同期相比,美国公路交通运输量下降到正常的80%左右。

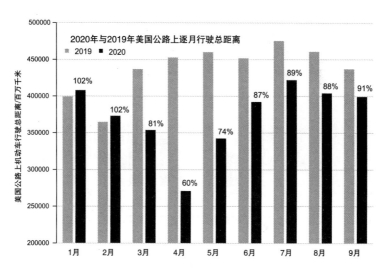

图11-6 2020年和2019年前9个月美国公路上的月平均行驶距离

注:这些百分比是2020年与2019年的百分比。

根据2020年10月美国交通部联邦公路管理局的数据,fhwa.dot.gov/policyinformation/travel monitoring/tvt.cfm。

2020年,航空旅行需求急剧下降,这主要是由于与新冠病毒感染相关的国际旅行限制,国家政策也不鼓励商务、社交和家庭聚会。衡量航空量减少可以参考国际民用航空组织报告的在役飞机数,2020年1月,在役的飞机数量略多于2019年1月,但到4

月，这一数字已降至上年同期的 20%（图 11-7）。在春季和夏季航空业略有复苏。平均而言，2020 年 2 月至 10 月在役的飞机数量为 2019 年同期的 46% 左右。

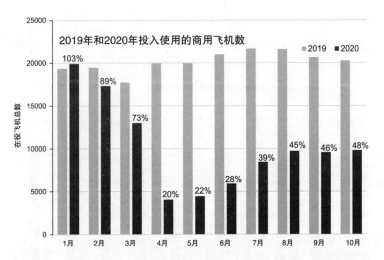

图 11-7　2019 年和 2020 年前 10 个月，所有世界航空公司在役的飞机（客运和货运）总数

注：这些百分比是 2020 年与 2019 年的百分比。

根据国际民用航空组织的数据，data.icao.int/coVID-19/aircraft.htm，于 2020 年 10 月访问。

在 2020 年 10 月发表的一项研究中，刘竹[①]和合作者估算了 2020 年上半年各种活动产生的二氧化碳排放量[17]，他们也给出了

---

① 刘竹，清华大学生态学副教授，研究方向为温室气体全球监测、全球碳收支的量化评估、生态经济和产业生态学、可持续发展的定量研究，荣获 2013 年中国科学院百篇优秀博士论文、2019 年 MIT 科技评论 35 岁以下创新 35 人、2019 年《求是》杰出青年学者奖等。——译者注

与上述类似的公路和航空旅行排放量的减少，但其他领域的排放量减少较小：发电和工业减少约 5%，建筑业仅减少 2%。他们估计，2020 年前 6 个月，全球二氧化碳排放量平均比 2019 年少 8.8%，其中 4 月份为最低水平（图 11-8）。2020 年 12 月中旬发布的一份报告更新显示，与 2019 年相比，2020 年的二氧化碳排放量总体减少了 7%[18]，这是有记录以来最大的同比降幅。

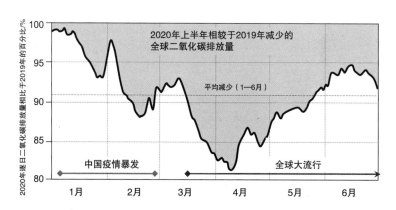

图 11-8　预计 2020 年上半年新冠病毒大流行期间的二氧化碳排放总量减少量

　　注：基于刘竹等人的数据，对全球二氧化碳排放的近乎实时监测揭示了 COVID-19 的影响，Nature Communications, V. 11, 5172, 2020。

　　当然，更重要的考虑是，尽管观测到了各项产生二氧化碳的活动下降，并预估二氧化碳排放量下降，但这些是否对大气中的二氧化碳水平产生了影响。事实上，现在下定论还为时过早。过去 50 年来，二氧化碳排放量下降幅度最大的是 20 世纪 80 年代初的经济衰退时期：从 1980 年到 1983 年，二氧化碳排放量总体下降了 11%。这场衰退确实导致大气中二氧化碳的增加速度略有下降，但直到 1983 年年底和 1984 年年中才显现出来。

图 11-9　2017 年 1 月至 2020 年 10 月莫纳罗亚山的二氧化碳水平

注：基于加州大学圣地亚哥分校斯克里普斯海洋研究所的数据 scrippsco2.ucsd. edu/data/atmospheric_co2/primary mlo_co2_record.html，

2017 年至 2020 年的莫纳罗亚山观测站的二氧化碳曲线如图 11-9 所示。截至 2020 年 10 月，还没有与新冠病毒感染有关的拐点出现的证据。但根据 20 世纪 80 年代经济衰退的经验，我们估计看不到这种情况（大气中二氧化碳浓度降低）。如果新冠病毒感染导致的出行低迷持续一年或更长时间，那么我们可能会看到二氧化碳增加率的小幅下降，但这并不是扼制气候变化的灵丹妙药。不过，它向我们表明，没有那些说走就走的旅行，生活也是可以承受的，我们需要朝着这个方向（减少出行）采取更雄心勃勃的措施。

　　与小幅且可能仅是暂时的减排相比，新冠病毒感染具有更大的影响，它向我们表明，我们确实有能力调动大量资源，并有意愿共同努力度过危机。各国政府找来资金帮助那些不得已失业的人；医院和医务人员挺身而出，成为真正的英雄；制药科学家以极快的速度研究、测试和制造疫苗；大多数人已经表明，他们可以为了集体利益而改变自己的行为。

　　我们如果能够这样来抗击疫情，那么我们当然也可以用同样的决心和努力来对抗气候变化，因为气候变化给我们在地球上的生存带来了更大的风险。

注释

前言

1. 最初发表于 2017 年 1 月 20 日的 *Poem a Day*，由美国诗人学会刊发：poets.org/poem/let-them-not-say。

第一章　什么主导着地球的气候？

1. 如果你想熟悉术语，在提及以 ppm 为单位的气体浓度时，我们通常是指 ppmv，或"体积 ppm"。因此，对于浓度为 1 ppmv 的气体，是指每 100 万立方厘米（1 立方米）的空气中有 1 立方厘米的该气体。

2. 以免你认为地球表面的变暖几乎完全是太阳的作用。也有一些热量可以来自地球内部，但这种贡献很小，大约是我们从太阳获得的热量的 0.03%。

3. 臭氧和氯氟烃的作用都很复杂，可能会引起混淆。存在于低层大气中的臭氧（称为地面臭氧）是一种温室气体，而平流层中的臭氧对于防止紫外线辐射到达地表非常重要。低层大气中的氟氯化碳是温室气体，而平流层中的氟氯化碳则会分解臭氧，使我们面临过多紫外线辐射的风险。自 1987 年《蒙特利尔议定书》颁布以来，平流层的"臭氧层空洞"问题一直在减缓，但这对全球气候变暖并没有影响。在对流层，臭氧和氯氟烃仍然是很重要的温室气体。

4. Klimont, Z., et al., 2017, "Global Anthropogenic Emissions of Particulate Matter Including Black Carbon", Atmos. Chemistry and Physics, V. 17, pp. 8681–8723. 他们估计，2010 年的黑碳排放量为 720 万吨，高于 2000 年的 660 万吨。

5. 此处包含的论点选自科学怀疑、哥伦比亚广播公司新闻、维基百科、加州州长规划与研究办公室和科学预警编制的名单。

第二章　缓慢升温的太阳

1. 玛丽·奥利弗，新诗和诗选，第 1 卷，灯塔出版社，波士顿，1992 年。

2. 短期的太阳变化在第七章中讨论。

3. 太阳（和其他恒星）的历史由西北大学的大卫·泰勒总结，见以下网页：faculty.wcas.northwestern.edu/~infocom/The% 20Website/index.html。

4. 光度是太阳发射的能量的量度，这与地球表面接收的太阳能量成正比。

5. 实际上，本书中所有提及的"温度"都是指地球的年平均温度（MAT），地球每平方千米的平均温度，包括热带和两极、海洋和陆地，并且也是一整年的平均值。

6. 没有长达 4 Ga 那样古老的化石，但有化学证据表明在古老的岩石中存在生命，具体来说，是指由生物体形成的同位素特征的碳沉积物。Tashiro, T., et al., 2017, "Early Trace of Life from 3.95 Ga Sedimentary Rocks in Labrador, Canada", Nature, V. 549, pp. 516–518. 最古老的无可争议的生命证据是化石的形式，其历史可以追溯到约 3.5 Ga。

7. 地质时间表在第一章中描述。

8. Becker, S., et al., "Unified Prebiotically Plausible Synthesis of Pyrimidine and Purine RNA Ribonucleotides", Science, V. 366, pp. 76–82, 2019.

9. Blankenship, R., "Early Evolution of Photosynthesis," Plant Physiology,V. 154, pp. 434–8, 2010.

10. 化学反应式是这样的：$CH_4 + 2O_2 \rightarrow CO_2 + 2H_2O$。1 个甲烷分

子与 2 个氧反应产生 1 个二氧化碳和 2 个水分子。换句话说，甲烷正在被氧化成二氧化碳。当然，二氧化碳也是一种温室气体，但它只有甲烷的升温潜能的 1/20 左右。

11. 来自古代岩石的证据表明，休伦冰川至少持续了 4000 万年（从 2.29Ga 到 2.25 Ga）。根据来自加拿大、美国、欧洲、南非、印度、澳大利亚和巴西的岩石中当时的冰川证据，休伦冰川面积大，并且可能影响了低纬度地区和极地地区。参考文献：Tang, H., and Chen, Y., "Global Glaciations and Atmospheric Change at ca. 2.3 Ga", Geoscience Frontiers, V. 4（5），pp. 583–596, 2013。其间，海洋可能大部分都结冰了。

12. Lovelock, J., "Gaia as Seen Through the Atmosphere, Atmospheric Environment", V. 6, pp. 579–580, 1972.

13. Lovelock, J., and Margulis, L., "Atmospheric Homeostasis by and for the Biosphere: The Gaia Hypothesis", Tellus, V. 26, pp. 2–10, 1974.

14. Lovelock, J., Gaia: A New Look at Life on Earth, Oxford University Press, 1979.

15. Watson, A., and Lovelock, J., "Biological Homeostasis of the Global Environment: The Parable of Daisyworld. Tellus," V. 35B, pp. 284–289, 1983. 任何利用搜索引擎的人都可以发现，自 1983 年以来，关于雏菊世界的文章已经写了很多。

16. 石灰岩主要由矿物方解石 $CaCO_3$ 组成。

17. 石墨是纯碳。它不能用作燃料。

18. Wolf, E., and Toon, O., "Delayed Onset of Runaway and Moist Greenhouse Climates for Earth", Geophys. Res. Lett., V. 41, pp. 167–172, 2014.

第三章　板块漂移与大陆碰撞

1. Wegener，A., Die Entstehung der Kontinente und Ozeane，4.Auflage，Friedrich Vieweg & Sohn，Braunschweig，1929（The Origin of Continents and Oceans，4th ed.，John Biram，trans.，Dover Publications，Mineola，NY，1966）。魏格纳在1910年构思了大陆漂移的想法，但他的理论直到20世纪60年代中期，也就是他去世35年后，才被地质学界广泛接受。现在它是我们理解地球及其过程的基础，它对气候变化具有重要影响。有关板块构造学的更多信息，请参阅 opentextbc.ca/physicalgeology2ed/part/chapter-10-plate-tectonics。

2. 反照率是地球表面反射率的量度。第一章对此进行了讨论。

3. 植物在大约450 Ma首次出现在陆地。

4. 成冰纪从720 Ma持续到635 Ma，包括两个冰雪地球时期：斯图尔特冰川，从大约717 Ma到660 Ma；马里诺安冰期，从650 Ma到635 Ma。

5. Piper, J., "Dominant Lid Tectonics Behaviour of Continental Lithosphere in Precambrian Times: Palaeomagnetism Confirms Prolonged Quasi-Integrity and Absence of Supercontinent Cycles"，Geoscience Frontiers, V. 9, pp. 61–89, 2018.

6. Crowley, T., Hyde, W., and Peltier, W., "CO_2 Levels Required for Deglaciation of a 'Near-snowball' Earth"，Geophys. Res. Lett., V. 28, pp. 283–286, 2001.

7. Hoffmann et al., "Snowball Earth Climate Dynamics and Cryogenian Geology-geobiology"，Science Advances, V. 3, pp. 1–43, 2017

8. 世界上有131座海拔超过7000米的山峰。所有这些（是的，所有）都是喜马拉雅山脉或邻近山脉的一部分。大多数海拔超过5000米的山脉也在喜马拉雅地区。

9. 水解是分子被水分解的过程。在矿物风化的情况下，它可以这样表示：$CaAl_2Si_2O_8 + H_2O + CO_2 + 1/2O_2 \rightarrow Al_2Si_2O_5（OH）_4 + （Ca^2 + CO_3^{2-}）$，其中长石（$CaAl_2Si_2O_8$）与水、二氧化碳和氧气反应，形成黏土矿物高岭石［$Al_2Si_2O_5（OH）_4$］以及溶液中的钙和碳酸根离子。这里发生的关键是二氧化碳正在从大气中出来，最终会固定成矿物方解石（$CaCO_3$）。

10. Bartoli, G., et al., "Final Closure of Panama and the Onset of Northern Hemisphere Glaciation", Earth and Planetary Science Letters, V. 237, pp. 33–44, 2005.

第四章 火山喷发导致的降温与增暖

1. Richerus of Sens, "Gesta Senoniensis Ecclesiae", in Societas Aperiendis Fontibus Rerum Germanicarum Medii Aevi（ed.）, 1267: Monumenta Germaniae Historica, Scriptores 25, Hahn's, Hannover, pp. 333–334, 1880.Richerus（1218—1267），Senones（法国桑斯）的本笃会修士，记录了 1258 年无夏季的寒冷、潮湿和沉闷的情况。灰暗的天空和不合时宜的天气的来源是 1257 年印度尼西亚龙目岛的萨马拉斯火山的大规模喷发。

2. 2240 里格的距离为 12445 千米，相当于地球周长的 1/3。

3. 湿矿物的一个例子是蛇纹石，（Mg, Fe）$_3Si_2O_5（OH）_4$。在充分加热的情况下，蛇纹石将转化为橄榄石和辉石，并且将释放出水。

4. CO_2 通过植物吸收从大气中去除，但是当植物死亡和腐烂时，碳会返回大气。它也通过溶解到海洋中而被清除，但海洋表面在饱和之前只能吸收有限的二氧化碳，因此海洋非常缓慢的翻转流（几个世纪到几千年）成为限制因素。政府间气候变化委员会第四次评估报告第 2.10 节，ipcc.ch/site/assets/uploads/2018/02/ar4-wg1-chapter2-1.pdf。

5. 关于 1873 年拉基火山爆发的大部分信息都是基于以下文献：

Thordarson, T., and Self, S., "Atmospheric and Environmental Effects of the 1783–1784 Laki Eruption: A Review and Reassessment", J. Geophys. Res., V. 108（D1）, 4011, 2003.

6. Neale, G., "How a Volcano in Iceland Helped Spark the French Revolution", Guardian, April, 15, 2010.

7. 出自作者托达森 T. 和塞尔夫 S. 图 10, "Atmospheric and Environmental Effects of the 1783–1784 Laki Eruption: A Review and Reassessment", J. Geophys. Res., V. 108（D1）, 4011, 2003.

8. 关于 1257 年萨马拉斯喷发的大部分信息都是基于以下文献：Vidal, C., et al., "The 1257 Samalas Eruption（Lombok, Indonesia）: The Single Greatest Stratospheric Gas Release of the Common Era", Science Reports, V. 6, 34868, 2016.

9. Robock, A., et al., "Did the Toba Volcanic Eruption of ~74k BP Produce Widespread Glaciation?" Journal of Geophysical Research, V. 114（D10）, D10107, 2009.

10. Svensson, A., et al., "Direct Linking of Greenland and Antarctic Ice Cores at the Toba Eruption（74 ka BP）", Climates Past, V. 9, pp. 749–766, 2013.

11. Kennett, J., et al., "Santa Barbara Basin Sediment Record of Volcanic Winters Triggered by Two Yellowstone Supervolcano Eruptions at 639 ka", Geol. Soc. of Amer. Ann. Mtg., Seattle, 2017, Paper no. 393-397.

12. Dessert, C., et al., "Erosion of Deccan Traps Determined by River Geochemistry: Impact on the Global Climate and the 87Sr/86Sr Ratio of Seawater", Earth and Planetary Science Letters, V. 188, pp. 459–474, 2001. 相比之下，目前大气中二氧化碳的质量约为 75 万亿吨。这里显示的 3.5 万年间隔代表了当时主要的火山活动，很明显，整个德干火山喷发过程早在该事件发生之前就已经开始了，持续时间接近 100 万

年。

13. Richards, M., et al., "Triggering of the Largest Deccan Eruptions by the Chicxulub Impact", Geol. Soc. Amer. Bulletin, V. 127（11–12）, pp. 1507–1520, 2015.

14. Burgess, S., and Bowring, S., "High-precision Geochronology Confirms Voluminous Magmatism Before, During, and After the Earth's Most Severe Extinction", Science Advances, V. 1, no. 7, 2015.

15. 在"信息时代"之前，许多大型喷发根本没有被发现，在世界许多地方，那些被发现的火山喷发也没有被记录下来。

第五章　地球的轨道变动

1. 米卢廷·米兰科维奇（Milutin Milanković，发音为 Milan-ko-vitch）于 1879 年出生于现在的克罗地亚，是一位工程师、物理学家和数学家。他计算了地球轨道参数变化导致的地球不同纬度的日照度水平差异，并从理论上认为这些差异控制了更新世期间冰川的生长和减少。直到他去世 18 年后，他的理论在 1858 年才被广泛认可。摘自"Milutin Milanković", famous scientists.org, 2018 年 3 月 31 日。

2. 地球并不是唯一拥有椭圆轨道的。所有的行星体都有椭圆轨道，有些行星的轨道，如彗星，比地球的椭圆轨道要扁得多。如果你对椭圆有所了解，就会知道它有两个圆点。在太阳—地球系统中（与所有其他行星系统一样），太阳位于其中一个圆点，而另一个圆点是空的。所有绕轨道运行的天体同样具有倾斜的轴。有些，比如天王星，其倾角比地球大得多。

3. 纬度 65°，北纬或南纬，是冰川生长的理想选择，因为夏季足够凉爽，一些冬季积雪可以持续一整年，并且因为积雪通常比北部或南部地区多。

4. Hays, J., Imbrie, J., and Shackleton, N., "Variations in the

Earth's Orbit: Pacemaker of the Ice Ages", Science, V. 194, pp. 1121–1132, 1976.

5. 冰芯的时间校准是通过计算冰中的层数，以及通过放射性测冰芯中的火山灰层，并将灰层与已知日期的喷发相关联来完成的。

6. Berger, A., and Loutre, M-F., "Climate: An Exceptionally Long Interglacial Ahead?" Science, V. 297, pp. 1287–1288, 2002.

第六章　洋流输送的热量

1. 历史学家安东尼奥·德·埃雷拉·托尔德西拉斯（Antonio de Herrera y Tordesillas）的这些话描述了庞塞·德莱昂（Ponce de Leon）于 1513 年在佛罗里达州东部边缘航行时所做的航行日志。埃雷拉的文章记载于 1615 年 "Historia general de los hechos de los castellanos en las Islas y Tierra Firme del mar Océano que llaman Indias Occidentales（General History of the Deeds of the Castilians on the Islands and Land of the Ocean Sea Known as the West Indies）, ch. X."。

2. Gyory, J., Mariano, A., and Ryan, E., "The Gulf Stream", Ocean Surface Currents, oceancurrents.rsmas.miami.edu/atlantic/gulf-stream.html. Retrieved April 5, 2020.

3. Dai, A., and Trenberth, K., "Estimates of Freshwater Discharge from Continents: Latitudinal and Seasonal Variation", J. of Hydrometeorology, V. 3, pp. 660–87, 2002.

4. 是的，液态水可以在 0℃以下存在，特别是如果它是咸的。

5. Ackerman, Steven and Knox, John A., Meteorology: Understanding the Atmosphere, ch. 14, Brooks Cole, 2002.

6. Robson, J., et al., "Atlantic Overturning in Decline?" Nature Geosci., V. 7, pp. 2–3, 2014.

7. 根据美国国家航空航天局戈达德太空研究所的数据，data.

giss.nasa.gov/gistemp/tabledata_v4/GLB.Ts+dSST.txt。

8. Barker, S., et al., "Interhemispheric Atlantic Seesaw Response During the Last Deglaciation", Nature, V. 457, pp. 1097–1102, 2009.

9. 尼诺3.4区域定义为南北纬5°，西经120°至170°之间的区域。尼诺3.4区指数是通过比较该地区任何3个月期间的海表温度与30年期间（1986—2015年）的平均值来确定的。显示该区域范围的地图位于 ncdc.noaa.gov/teleconnections/enso/indicators/sst/。

10. 根据日本气象厅的数据，data.jma.go.jp /gmd /kaiyou/english/long_term_sst_global/glb_warm_e.html。

11. Freund, M., et al., "Higher Frequency of Central Pacific El Nino Events in Recent Decades Relative to Past Centuries", Nature Geoscience, V. 12, p. 450, 2019.

12. Wang, B., et al., "Historical Change of El Niño Properties Sheds Light on Future Changes of Extreme El Niño", Proc. Natl. Acad. of Science, V. 116, pp. 22512–517, 2019.

第七章 短期的太阳变化

1. 这些描述基于公元2世纪和3世纪中国天文学家对太阳的肉眼观测，来自 Yau, K., and Stephenson, F., "A Revised Catalogue of Far-eastern Observations of Sunspots（165 BC to AD 1918）", Q. Jour. Royal Astronomical Society, V. 29, pp. 175–197, 1988.

2. Fabricii, J., Phrysii De Maculis in Sole observatis, et apparente earum cum Sole conversione, Narratio, etc., Witebergae, 1611. 这架望远镜是在几百年前（1608年）由汉斯·利珀希（Hans Lippershey）在泽兰（现为荷兰的一部分）的米德尔堡发明的。

3. Galilei, G., Istoria e Dimostrazioni Intorno Alle Macchie Solari e Loro Accidenti Rome（History and Demonstrations Concerning Sunspots

and Their Properties），1613。伽利略于 1613 年绘制的图画动画可在该网址 academo.org/demos/galileos-sunspots 查询。

4.　在太阳黑子生命的早期，它的正常运动（在太阳表面的实际运动）可以是每天 2°（或约 25000 千米 / 天），但在其一生中的末期，速率下降到开始时的数分之一。大太阳黑子往往比小太阳黑子移动得更快。例如，参见：Ambastha, A., and Bhatnagar, A., "Sunspot Proper Motions in Active Region NOAA 2372 and Its Flare Activity During SMY Period of 1980 April 4–13", J. Astrophys. & Astron., V. 9, pp. 137–154, 1988.

5.　Stefani, F., Giesecke, A., and Weier, T., "A Model of a Tidally Synchronized Solar Dynamo", Solar Physics, V. 294, Article no. 60, 2019.

6.　Arlt, R., and Vaquero, J., "Historical Sunspot Records", Living Rev. in Solar Phys., V. 17, 2020.

7.　在地日距离为地球轨道平均距离的空间测量获得。

8.　Wagner, S., and Zorita, E., "The Influence of Volcanic, Solar and CO_2 Forcing on the Temperatures in the Dalton Minimum（1790–1830）: A Model Study", Climate Dynamics, V. 25, 2005.

9.　Eddy, J., "The Maunder Minimum", Science, V. 192, pp. 1189–1202, 1976.

10.　Rigozo, N., et al., "Reconstruction of Wolf Sunspot Numbers on the Basis of Spectral Characteristics and Estimates of Associated Radio Flux and Solar Wind Parameters for the Last Millennium", Solar Physics, V. 203, pp. 179–191, 2001.

11.　Fagan, B., The Little Ice Age: How Climate Made History, 1300–1850, Basic Books, 2001.

12.　Li, Y., Lu, X., and Li, Y., "A Review on the Little Ice Age and Factors to Glacier Changes in the Tian Shan, Central Asia", in Glacier

Evolution in a Changing World, D. Godone（ed.）, IntechOpen, 2017.

13. Luckman, B., Masiokas, M., and Nicolussi, K., "Neoglacial History of Robson Glacier, British Columbia", Canadian Journal of Earth Sciences, V. 54, pp. 1153–1164, 2017.

14. Luckman, B., "Calendar-dated, Early Little Ice Age Glacier Advance at Robson Glacier, British Columbia, Canada", The Holocene, V. 5, pp. 149–159, 1995.

15. Solomina, O., et al., "Holocene Glacier Fluctuations," Quaternary Science Reviews, V. 111, pp. 9–34, 2015.

第八章 灾难性撞击

1. 这句话指的是 6600 万年前撞击地球的外星物体（到底是彗星还是陨星并不重要），恰好在白垩纪—古近纪期（K-Pg 边界）开始时，来自 Alvarez, W.,《霸王龙和厄运陨石坑》，普林斯顿大学出版社，2013。可能更熟悉的术语是"K-T 边界"，其中 K 代表白垩纪，T 代表第三纪。事实上，K-Pg 在技术上更正确，因为白垩纪和古近纪都是时期名称，而第三纪是古近纪和新近纪组合的过时名称。1980 年，Walter Alvarez，Luis Alvarez（前者的父亲），Frank Asaro 和 Helen Michel 首次提出白垩纪末期大规模灭绝是地外影响的结果："Extraterrestrial Cause for the Cretaceous: Tertiary Extinction", Science, V. 208, pp. 1095–1108, 1980。

2. Robertson, D., et al., "Survival in the First Hours of the Cenozoic", Geological Society of America Bulletin, V. 116, 2004.

3. 以下许多详细内容均来自文献：Gulick, S., et al., "The First Day of the Cenozoic", Proc. Natl. Acad. Sci., V. 116, no. 39, 2019。

4. Kornei, K., "Huge Global Tsunami Followed Dinosaur-Killing Asteroid Impact", Eos, V. 99, 2018, a summary of the research by Range,

M., et al., "The Chicxulub Impact Produced a Powerful Global Tsunami", presentationat the Amer. Geophysical Union Fall meeting, Washington, DC, December 2018.

5. Bardeen, C., et al., "On Transient Climate Change at the Cretaceous-Paleogene Boundary Due to Atmospheric Soot Injections", Proc. Natl. Acad. Sci., V. 114, 2017, E7415–24.

6. MacLeod, K., et al., "Postimpact Earliest Paleogene Warming Shown by Fish Debris Oxygen Isotopes（El Kef, Tunisia）", Science, V. 360, pp. 1467– 69, 2018.

7. 《白垩纪—古近纪灭绝事件》, 维基百科。

8. Bottke, F., and Norman, M., "The Late Heavy Bombardment", Ann. Rev. Earth Planet. Sci., V. 45, pp. 619–647, 2017.

9. Hildebrand, A., et al., "Chicxulub Crater: A Possible Cretaceous/Tertiary Boundary Impact Crater on the Yucatan Peninsula, Mexico", Geology, V. 19, pp. 867–871, 1991.

10. Smitz, B., et al., "An Extraterrestrial Trigger for the Mid-Ordovician Ice Age: Dust from the Breakup of the L-chondrite Parent Body", Science Advances, V. 5, eaax4184, 2019. 作者认为，阻挡阳光的陨石尘埃是冷却的主要原因，但铁向海洋的增强输入也可能使藻类生长旺盛，从而降低大气中的 CO_2 含量。

11. Wielicki, M., Harrison, M., and Stockli D., "Popigai Impact and the Eocene/Oligocene Boundary Mass Extinction", Goldschmidt conference presentation, Sacramento, CA, 2014.

12. Zolensky, M., et al., "Flux of Extraterrestrial Materials", in D. Lauretta and H. McSween, eds., Meteorites and the Early Solar System II, Tucson: University of Arizona Press, pp. 869–888, 2006.

13. 美国国家航空航天局加州理工学院喷气推进实验室近地天体

研究中心，cneos.jpl.nasa.gov/about/search_program.html。

第九章 人类活动引发的灾难

1. 出自电影《第 11 小时》，莱拉·康纳斯，导演，2007 年。

2. Zhu, Z., et al., "Hominin Occupation of the Chinese Loess Plateau Since About 2.1 Million Years Ago", Nature, V. 559, pp. 608–112, 2018.

3. 同上，以及 Bae, C., Douka, K., and Petraglia, M., "On the Origin of Modern Humans: Asian Perspectives", Science, V. 358（6368），2017.

4. 日照度曲线基于：Berger, A., and Loutre, M-F., "Insolation Values for the Climate of the Last 10 Million Years", Quaternary Science Reviews, V. 10, pp. 297–317（Supplement: Parameters of the Earth's orbit for the last 5 Million years in 1 kyr resolution），1991.

5. Zeder, M., "The Origins of Agriculture in the Near East", Current Anthropology, V. 52, Supplement 4, pp. S221–S235, 2011.

6. Zuo, X., et al., "Dating Rice Remains Through Phytolith Carbon-14 Study Reveals Domestication at the Beginning of the Holocene", Proc. Nat. Acad. of Sci., V. 114, pp. 6486–6491, 2017.

7. Piperno, D., et al., "Starch Grain and Phytolith Evidence for Early Ninth Millennium B.P. Maize from the Central Balsas River Valley, Mexico", Proc. Nat. Acad. of Sci., V. 106, pp. 5019–5024, 2009.

8. Blaustein, R., "William Ruddiman and the Ruddiman Hypothesis", Minding Nature, V. 8, no.1, 2015, humansandnature.org, accessed September 2020.

9. Ruddiman, W., and Thomson, J., "The Case for Human Causes of Increased Atmospheric CH$_4$ Over the Last 5000 Years", Quat. Sci. Rev., V. 20, pp. 1769–1777, 2001; Ruddiman, W., "The Anthropogenic Greenhouse

Era Began Thousands of Years Ago," Clim. Change, V. 61, pp. 261–293, 2003.

10. Ruddiman, W., "The Earl Anthropogenic Hypothesis: Challenges and Responses", Rev. Geophys., V. 45, RG4001, 2007.

11. McEvedy, C., and Jones, R., Atlas of World Population History, Facts on File, New York, pp. 342–351, 1978; "World Population Growth", Our World in Data, accessed September 2020.

12. Pirani, S., Burning Up: A Global History of Fossil Fuel Consumption, London, Pluto Press, 2018.

13. 数据来自国际能源署, iea.org/commentaries/IEA- -releases-new-edition-of-global-historical-data-series-for-all-fuels-all-sectors-and-energy-balances, 2020 年 9 月访问。其余大部分能源来自水电和核能。

14. Kammen D., et al., IPCC Special Report on Renewable Energy Sources and Climate Change Mitigation. Prepared by Working Group III of the Intergovernmental Panel on Climate Change, Cambridge University Press, 2011.

第十章　临界点

1. Hansen, J. E., "Is There Still Time to Avoid 'Dangerous Anthropogenic Interference' with Global Climate?" presentation at the American Geophysical Union, San Francisco, December 6, 2005.

2. Canadian journalist Gwynne Dyer, "Warming Accelerates in Unprecedented Way", Otago Daily Times, February 5, 2008.

3. 参见 Seba, T., "Clean Disruption of Energy and Transportation", lecture pre sented at Clean Energy Action, Boulder, CO, 2017, youtube.com/watch ?v=2b3ttqYDwF0, accessed September 2020。

4. 根据加州林业和消防部的数据：1.7 万平方千米大约是康涅狄格州和特拉华州的面积，是爱德华王子岛面积的 3 倍，fire.ca.gov/stats-events。

5. 《2020 年美国西部野火》，维基百科。

6. Garfin, G., et al., "Southwest: The Third National Climate Assessment", in J. M. Melillo, T. C. Richmond, and G. W. Yohe, eds., Climate Change Impacts in the United States: The Third National Climate Assessment, pp. 462–486, U.S. Global Change Research Program.

7. Goss, M., et al., "Climate Change Is Increasing the Likelihood of Extreme Autumn Wildfire Conditions Across California", Environ. Res. Lett., V. 15,2020.

8. Swain, D., et al., "Increasing Precipitation Volatility in Twenty-First-Century California", Nature Climate Change, V. 8, pp. 427–33, 2018.

9. Arneth, A., et al., IPCC Special Report on Climate Change, Desertification, Land Degradation, Sustainable Land Management, Food Security, and Greenhouse Gas Fluxes in Terrestrial Ecosystems Summary for Policymakers, 2019, ipcc.ch/site/assets/uploads/2019/08/Fullreport.pdf, accessed September 2020.

10. Stevens-Rumann, C., & Morgan, P., "Tree Regeneration Following Wildfires in the Western US: A Review", Fire Ecology, V. 15, 2019.

11. Davis, K., et al., "Wildfires and Climate Change Push Low-elevation Forests Across a Critical Climate Threshold for Tree Regeneration", Proceedings of the National Academy of Sciences, V. 116, pp. 6193–6198, 2019.

12. Zachos, J., et al., "Paleocene-Eocene Thermal Maximum: Inferences from TEX86 and Isotope Data", Geology, V. 34, pp. 737–740, 2006.

13. Zachos, J., Dickens, G., and Zeebe, R., "An Early Cenozoic Perspective on Greenhouse Warming and Carbon-Cycle Dynamics", Nature, V. 45, pp. 279–283, 2008.

14. 对甲烷水合物及其在气候变化中的潜在作用的综述可参见文献：Ruppel, C., "Methane Hydrates and Contemporary Climate Change", Nature Education Knowledge, V. 3（10）, 2011.

15. Kwok, R., & Cunningham, G., "Variability of Sea Ice Thickness and Volume from CryoSat-2", Philosophical Transactions of the Royal Society A, V. 373, Article 20140157, 2015.

16. 北极海冰在 2020 年年底的恢复速度很慢，海冰面积在 10 月和 11 月同期创历史新低。根据美国国家冰雪数据中心的说法，这种强异常现象是由于热量从开放水域传递到大气中，以及北冰洋俄罗斯一侧的冰形成速度非常缓慢。nsidc.org/arcticseaicenews，于 2020 年 11 月访问。

17. Wadhams, P., "The Global Impacts of Rapidly Disappearing Arctic Sea Ice", Yale Environment 360, 2016, accessed September 2020.

18. Lenton, T., et al., "Tipping Elements in the Earth's Climate System", Proceedings of the National Academy of Sciences, V. 105, pp. 1786–93, 2008.

19. Grignot, E., et al., "Four Decades of Antarctic Ice Sheet Mass Balance from 1979 to 2017", Proceedings of the National Academy of Sciences, V.116, pp. 1095–1103, 2019.

20. Murton, J., et al., "Preliminary Paleoenvironmental Analysis of Permafrost Deposits at Batagaika Megaslump, Yana Uplands, Northeast Siberia", Quaternary Research, V. 87, pp. 314–330, 2017; Vadakkedath, V., Zawadzki, J., and Przeździecki, K., "Multisensory Satellite Observations of the Expansion of the Batagaika Crater and Succession of Vegetation in Its

Interior from 1991 to 2018," Environ Earth Sci., V. 79, 2020.

21. Turetsky, M., et al., "Permafrost Collapse Is Accelerating Carbon Release", Nature, V. 569, pp. 32–34, 2019.

22. Lawrence, D., et al., "Accelerated Arctic Land Warming and Permafrost Degradation During Rapid Sea Ice Loss", Geophysical Research Letters, V. 35, 2008, L11506.

23. Shakhova, N., et al., "Methane Release on the Arctic East Siberian Shelf", Geophysical Research Abstracts, V. 9, 01071, 2007. Methane release from the Siberian shelf is also the subject of a joint Sweden-Russia study in 2020, described at aces.su.se/research/projects/the-isss-2020-arctic-ocean-expedition.

24. "生物群系是植物和动物的群落，它们具有共同的生存环境特征。它们遍布各个大洲。生物群系是独特的生物群落，它们是为了适应共同的气候而形成的。"生物群系，维基百科。

25. 在加拿大，野火在北方森林中最常见和最广泛。根据黑尼斯（Hanes）和合著者的说法，"结果表明，在过去的57年里，大型火灾越来越强，火灾季节大约提前一周开始，推迟一周结束。在加拿大西部大部分地区，燃烧面积、大火数量和闪电引起的火灾正在增加，而全国人为火灾要么稳定，要么在下降。总体而言，在过去的半个世纪里，加拿大森林似乎一直朝着更加活跃的火险状态发展。"Hanes et al., "Fire Regime Change in Canada over the Last Half Century", Canadian Journal of Forest Research, V. 49, pp. 256–269, 2019.

26. Lenton, et al., "Tipping Elements in the Earth's Climate System", 2008.

27. Curry, R., Dickson, B., and Yashayaev, I., "A Change in the Freshwater Balance of the Atlantic Ocean over the Past Four Decades", Nature, V. 426, pp. 826–829, 2003.

28. Lenton, et al., "Tipping Elements in the Earth's Climate System", 2008.

29. "Congressional Research Service: In Focus", September 2020, crsreports.congress.gov. Refer also to figure 10.1.

30. Hanes et al., "Fire Regime Change in Canada", 2019.

31. Veronica Penney, "It's Not Just the West: These Places Are Also on Fire", New York Times, September 16, 2020, updated September 23, 2020.

32. Readfearn, G., "Great Barrier Reef's Third Mass Bleaching in Five Years the Most Widespread Yet", Guardian, April 6, 2020.

33. IPCC 2018, "Summary for Policymakers", in Global Warming of 1.5℃. 世界气象组织，瑞士日内瓦，世界气象组织在加强全球应对气候变化威胁、可持续发展和消除贫困的背景下，关于全球变暖比工业化前水平高出1.5℃的影响以及相关的全球温室气体排放路径的特别报告。

34. Turner, A., and Annamalai, H., "Climate Change and the South Asian Summer Monsoon", Nature Climate Change, V. 2, pp. 587–595, 2012.

35. Cox, P., et al., "Amazonian Forest Dieback Under Climate-cycle".

36. Collins, M., et al., "Long-term Climate Change: Projections, Commitments and Irreversibility", in Climate Change 2013: The Physical Science Basis, 2013. Contribution of Working Group I to the Fifth Assessment Report of the Intergovernmental Panel on Climate Change, Cambridge University Press.

第十一章　怎么办？

1. 反刍动物（例如牛、绵羊、山羊）产生的甲烷远远超过其他牲畜（例如猪、鸡），因为它们吃进的草料在前两个消化室（瘤胃和蜂巢胃）内发酵。大多数甲烷是在打嗝儿（不是放屁）时排放的，但有些是由地面或粪便处理设施中的粪便产生的。"反刍动物"，维基百科，于 2020 年 9 月获取。

2. 有许多不同的氯氟烃（CFCs）。常见的是 CCl_2F_2 或二氟二氯烃（又名 CFC-12）。当氟氯烃在 1987 年《蒙特利尔议定书》之后被逐步淘汰时，它们被含氢氟氯烃（HCFCs）所取代，含氢氟氯烃不会消耗平流层臭氧，但它们仍然在低层大气中充当温室气体。现在用于制冷和空调的含氢氟氯烃正被其他气体取代，如环戊烷（C_5H_{10}）。

3. 有几种氮氧化物，只有一氧化二氮（N_2O）是温室气体。氮氧化物 NO 和 NO_2 会形成雾霾和酸雨，但不是温室气体，它们主要在化石燃料燃烧过程中产生。

4. "Most popular cars in America", Edmunds, accessed September 2020.

5. Statistics Canada,150.statcan.gc.ca/t1/tbl1/en/tv.action?pid= 2010000201, accessed September 2020.

6. California New Car Dealers Association, California Auto Outlook, V. 16, No. 1, February 2020.

7. Richardson, J., "The Incentives Stimulating Norway's Electric Vehicle Success", CleanTechnica, January 28, 2020, accessed September 2020.

8. Ambrose, J., "UK Plans to Bring Forward Ban on Fossil Fuel Vehicles to 2030", Guardian, September 21, 2020, accessed November 2020 at theguardian.com; "Phase-out of fossil fuel vehicles", Wikipedia, accessed November 2020.

9. 美国交通统计局，bts.gov/statistical-products/surveys/nation-al-household-travel-survey-daily-travel-quick-facts，2020 年 9 月访问。

10. "太阳能光伏"是来自太阳能光伏系统或"太阳能电池板"的能量。平准化能源成本（LCOE）是系统生命周期内能源生产的成本，包括基建成本、维护和燃料成本，以及可以产生的能源量。当然，住宅太阳能的成本及其可以产生的能量因安装类型和地区而异。

11. 碳和能源清单可在 circularecology.com 查看。

12. Karakurt, I., Aydin, G., and Aydiner, K., "Sources and Mitigation of Methane Emissions by Sectors: A Critical Review", Renewable Energy, V. 39, pp. 40–48, 2012.

13. 在许多情况下，燃烧或"点燃"伴随石油产生的天然气比收集和使用它成本更低。在燃烧过程中，甲烷被转化为二氧化碳，二氧化碳是一种比甲烷（25 到 30 倍）更弱的温室气体，不具有爆炸风险。烧掉油田伴生气是一种巨大的能源损耗，大多数石油生产国正在努力遏制这种做法。

14. 根据 Carbon Brief 的一篇文章，carbonbrief.org/ 分析天然气生产时排放的逃逸甲烷（2020 年 9 月），显示逃逸性排放范围从略低于1% 到超过 5%，平均为天然气产量的 3%。本文基于同行评审和政府文件的数据。

15. Gossling, S., and Humpe, A., "The Global Scale, Distribution and Growth of Aviation: Implications for Climate Change", Global Environmental Change, V. 65, 2020.

16. Quarmby, L., Watermelon Snow, Science, Art and a Lone Polar Bear, McGill-Queens University Press, 2020.

17. Liu, Z., et al., "Near-real-time Monitoring of Global CO_2 Emissions Reveals the Effects of the COVID-19 Pandemic", Nature Communications, V. 11, 5172, 2020.

18. Friedlingstein, P., et al., "Global Carbon Budget 2020", Earth System Science Data, V. 12, pp. 3269–3340, 2020.

专有名词

数字

1℃升温（1℃ of Warming）

A

农业（Agriculture）

农业与气候变化（agriculture and climate change）

农业与温室气体（agriculture and greenhouse gases）

航空旅行（air travel）

反照率（albedo）

反照率与大陆漂移（albedo and continental drift）

反照率与纬度（albedo and latitude）

阿尔卑斯山（Alps）

路易斯·阿尔瓦雷斯（Alvarez, Luis）

沃尔特·阿尔瓦雷斯（Alvarez, Walter）

阿尔瓦雷斯团队（Alvarez team）

亚马孙森林（Amazon forest）

南极绕极流（Antarctic Circumpo-lar Current）

南极冰芯数据（Antarctica ice-core data）

南极冰盖损失（Antarctica ice-sheet lost）

人类活动影响（anthropogenic effects）

北冰洋（Arctic Ocean）

北极海冰融化（Arctic sea-ice melting）

软流圈（asthenosphere）

大西洋盐度振荡（Atlantic salinity oscillator）

大西洋温盐环流（Atlantic thermohaline circulation）

大气成分（atmosphere composition）

大气变化（atmospheric change）

B

印度尼西亚，巴厘岛（Bali, Indonesia）

玄武岩（basalt）

白垩纪—第三纪［Cretaceous-Paleogene（K-Pg）］

白垩纪—第三纪灭绝事件（Cretaceous-Paleogene extinction）

詹姆斯·克罗尔（Croll, James）

地壳（crust）

成冰纪冰雪地球冰期（Cryogenian Period Snowball Earth Glaciations）

晶体生长（crystal growth）

D

雏菊世界（Daisyworld）

约翰·道尔顿（Dalton, John）

道尔顿极小期（Dalton minimum）

威利·丹斯加德（Dansgaard, Willi）

丹斯加德—奥施格周期（Dansgaard-Oeschger cycles）

死亡螺旋（death spiral）

印度德干地盾（Deccan Traps, India）

德雷克海峡（Drake Passage）

格文·戴尔（Dyer, Gwynne）

E

早期撞击事件（Early Bombardment）

地球（Earth）

早期生命（early life）

偏心率（eccentricity）

溢流喷发（effusive eruption）

埃尔奇琼火山（El Cichón）

厄尔尼诺—南方涛动（ENSO）［El Niño Southern Oscillation（ENSO）］

电力交通工具（electric vehicles）

电（electricity）

发电（electricity generation）

厄尔·埃利斯（Ellis, Erle）

隐含性碳排放（embodied emissions）

二叠纪末大灭绝（end-Permian extinction）

三叠纪末大灭绝（end-Triassic extinction）

爆发性喷发（explosive eruption）

灭绝（extinctions）

F

法布里修斯，约翰尼斯（Fabricus,

Johannes）

光斑（faculae）

黯淡太阳悖论（faint young sun paradox）

反馈（feedbacks）

长英质岩浆（felsic magma）

长英质岩（felsic rock）

肥料（fertilizer）

佛罗里达（Florida）

食物有关排放（food-related emissions）

强迫，参见气候强迫（forcings, see climate forcings）

森林损失（forest loss）

化石燃料（fossil fuels）

无组织排放、逃逸性排放（fugitive emissions）

G

盖亚理论（Gaia theory）

伽利雷，伽利略（Galilei, Galileo）

地质时期（geological time）

冰期（glaciation）

冰川增长（growth of glaciers）

冰川（glaciers）

大阿莱奇冰川（Great Aletsch Gla-

cier）

宜居气候（"Goldilocks" climate）

太阳极小期（grand minima）

花岗岩（granite）

石墨（graphite）

温室效应（greenhouse effect）

温室气体［greenhouse gases（GHGs）］

格陵兰（Greenland）

湾流（Gulf Stream）

H

哈伯—博施工艺（Haber-Bosch process）

卤代烃（Halocarbons）

杰弗里·哈蒙德（Hammond, Geoffrey）

詹姆斯·汉森（Hansen, James）

夏威夷（Hawaii）

斯蒂芬·霍金（Hawking, Stephen）

半球（hemispheres）

赫雷拉·托德西利亚斯，安东尼奥等（Herreray Tordesillas, Antonio de）

喜马拉雅山脉（Himalayans）

尼西亚的希帕克斯（Hipparchus

of Nicea）

简·赫什菲尔德（Hirshfield, Jane）

智人（Homo sapiens）

休斯·T（Hughes, T.）

人类（humans）

洪堡洋流（Humboldt Current）

休伦冰期（Huronian glaciation）

水解（hydrolysis）

深海热泉（hydrothermal vent）

I

冰芯数据（ice-core data）

冰岛（Iceland）

陨石坑（impact craters）

印度（India）

印度—亚洲大陆碰撞（India-Asia continental collision）

印度尼西亚（Indonesia）

红外光线（infrared light）

日照度（insolation）

日照度和冰河时期问题（米兰科维奇）（Insolation and the Ice-Age Problem）（Milanković）

碳和能源清单（Inventory of Carbon and Energy）

辐照度（irradiance）

巴拿马地峡（Isthmus of Panama）

J

克雷格·琼斯（Jones, Craig）

K

约翰·肯尼迪（Kennedy, John F.）

约翰尼斯·开普勒（Kepler, Johannes）

基拉韦厄，夏威夷（Kilauea, Hawaii）

K—Pg 大撞击（K-Pg impact）

K—T 界线（K-T boundary）

L

拉基火山，冰岛（Laki, Iceland）

垃圾填埋场（landfills）

大火成岩省（LIP）[Large Igneous Provinces（LIP）]

泥盆纪晚期大灭绝（late Devonian extinction）

晚期大撞击事件（Late Heavy Bombardment）

纬度（latitude）

岩浆（lava）

L—球粒陨石母体（L-chondrite

N

天然气（natural gas）

纳斯卡板块（Nazca Plate）

近 地 天 体（near Earth objects, NEOs）

纽芬兰（Newfoundland）

尼诺 3.4 区指数（Niño 3.4）

一氧化二氮（nitrous oxide）

挪威（Norway）

O

洋流（ocean currents）

海水盐度（ocean water salinity）

海洋地壳（oceanic crust）

汉斯·奥施格（Oeschger, Hans）

石油（oil）

玛丽·奥利弗（Oliver, Mary）

奥尔特极小期（Oort minimum）

轨道变动（orbital variations）

奥陶纪（Ordovician Period）

奥陶纪—志留纪大灭绝（Ordovician-Silurian extinction）

氧气（oxygen）

氧危机（oxygen crisis）

臭氧（ozone）

P

太平洋（Pacific Ocean）

古新世—始新世极热事件（Paleocene-Eocene Thermal Maximum）

古近纪时期（Paleogene Period）

巴拿马（Panama）

巴黎协定（Paris Agreement）

微粒物（particulate matter）

多年冻土（permafrost）

二叠纪（Permian Period）

秘鲁洋流（Peru Current）

菲律宾（Philippines）

菲 律 宾，皮 纳 图 博（Pinatubo, Philippines）

西蒙·皮埃尔尼（Pirani, Simon）

陆地上的植被（plants on land）

板块构造学（plate tectonics）

更新世冰川（Pleistocene Glaciations）

胡 安·庞塞·德莱昂（Ponce de Leon, Juan）

珀匹盖天体（Popigai object）

人口增长（population growth）

正反馈（positive feedbacks）

Q

林娜·夸姆比（Quarmby, Lynne）

火山灰（tephra）

温盐环流（thermohaline circulation）

倾斜（tilt）

临界点（tipping points）

传输（transportation）

热带暗礁（tropical reefs）

印度尼西亚，托巴（Toba, Indonesia）

传输（transportation）

三叠纪（Triassic Period）

热带珊瑚礁（tropical reefs）

通古斯卡地区（Tunguska region）

U

美国，黄石公园（United States, Yellowstone）

使用排放（use emissions）

V

金星（Venus）

振动（vibrations）

可见光（visible light）

火山灰（volcanic ash）

火山喷发（volcanic eruptions）

火山气体（volcanic gases）

火山活动（volcanism）

与人类活动效应（versus anthro-pogenic effects）

W

P. 沃德姆斯（Wadhams. P.）

沃克环流（Walker Cell）

增暖，反馈以及（warming, feed-backs and）

水汽作为温室气体（water as greenhouse gas）

水汽（water vapor）

安德鲁·沃森（Watson, Andrew）

阿尔弗雷德·魏格纳（Wegener, Alfred）

野火（wildfires）

沃尔夫极小期（Wolf minimum）

怀俄明州（Wyoming）

Y

怀俄明州黄石国家公园（Yellow-stone, Wyoming）

墨西哥，尤卡坦半岛（Yucatan, Mexico）

Z

扎格罗斯山脉（Zagros Mountains）